植物学野外实习

ZHIWUXUE

YEWAI SHIXI

植物识别手册（一）

zhiwu shibie shouce

主　编：王厚麟

副主编：陈健辉　缪绅裕

SPM 南方传媒 | 广东人民出版社

·广州·

图书在版编目（CIP）数据

植物学野外实习植物识别手册. 一 / 王厚麟主编. — 广州：广东
人民出版社，2021.12

ISBN 978-7-218-15607-1

Ⅰ.①植… Ⅱ.①王… Ⅲ.①野生植物—识别—广州—手册
Ⅳ.①Q948.526.51-62

中国版本图书馆CIP数据核字（2021）第269245号

ZHIWUXUE YEWAI SHIXI ZHIWU SHIBIE SHOUCE（YI）

植物学野外实习植物识别手册（一）

王厚麟　主编

出 版 人：肖风华

责任编辑：梁　晖
责任技编：周星奎
装帧设计：友间文化

出版发行：广东人民出版社
地　　址：广州市越秀区大沙头四马路10号（邮政编码：510199）
电　　话：（020）85716809（总编室）
传　　真：（020）85716872
网　　址：http://www.gdpph.com
印　　刷：佛山市迎高彩印有限公司
开　　本：787mm×1092mm　1/16
印　　张：12.25　**字　数**：160千
版　　次：2021年12月第1版
印　　次：2021年12月第1次印刷
定　　价：120.00元

如发现印装质量问题，影响阅读，请与出版社（020-85716849）联系调换。
售书热线：020-85716833

    植物是"绿水青山"的第一要素，是生态系统的生产者，与人类的生活息息相关，保护植物就是保护人类自己。践行绿色发展理念，是今后相当长的一段时间内，人类在生态系统可持续性发展中的一个工作重点。

    花卉是观赏植物的总称，是美的象征、传情之物。在种类繁多、色彩斑斓的植物世界中，披红展翠的花卉使人赏心悦目、情趣顿生。人逢盛世花逢春，在国盛民安的时代下，观赏植物具有广阔的可持续性发展的空间与基础；越来越多的爱花人士将赏花、品花作为陶冶情趣、培育情谊的雅事。

    在大学本科生物科学专业基础课的植物学课程中，"植物学野外实习"是学习植物分类学的一个重要的实践性教学环节。学生通过此环节的实践，巩固、验证所学的理论知识，在多姿多彩的植物世界中，认识常见的种类，学会识别维管植物重点科、种的鉴别特征；正确了解植物与环境的辩证关系，学会运用辩证唯物主义观点、应用可持续性发展的理念，开发、保护、应用资源植物。

    本书收录了华南地区常见的野生植物和近年常见的观赏花卉，包括乡土植物及引进的、具有一定前景的观赏植物，共124科530种（含变种和品种）。通过图、文，重点介绍这些植物的特征，帮助识别这些物种，旨在为生物科学专业学生的植物学野外实习，提供一份有针对性的参考资料。本书适用于生物类专业的学生在华南地区学习、识别植物时，作参考使用；也可供植物学、园艺学爱好者参考使用。

在本书中，"国家重点保护野生植物"级别以2021年8月7日中华人民共和国国务院批准的《国家重点保护野生植物名录》（国家林业和草原局 农业农村部公告2021年第15号）为准（包含一、二级）；"本土植物"是产地在中国（并非指中国特有，其他地区也可能有产），或起源于中国的植物；"引种"是指该植物物种原产地不在中国，通过各种渠道引进在国内栽培，作观赏植物，或作药用、材用、食用等；"归化"是指原产地为"非本地自然植物区系"地域，通过"人为活动"等影响侵入中国的自然植物群落之中，并形成自然种群，成为本地植物区系中成分之一的植物物种。

由于编者水平有限，本书在编写中难免有疏漏及错误之处，恳请批评指正。

目 录 CONTENTS

目 录 CONTENTS

灯笼石松

Palhinhaea cernua（石松科）

别　名：垂穗石松、铺地蜈蚣

土生草本；具匍匐茎，主茎直立，侧枝多回不等位二叉分枝；叶钻形至线形，螺旋状排列；孢子囊穗单生于小枝顶端，短圆柱形，成熟时通常下垂。本土植物，常用作鲜切花。

卷柏

Selaginella tamariscina（卷柏科）

别　名：九死还魂草、见水还

土生或石生，可复苏草本；不分枝的主茎呈树状，栽培高可达40厘米或更高，侧枝二至三回羽状分枝；叶交互排列，二形；孢子叶穗紧密，四棱柱形，单生于小枝末端。本土植物，作药用植物或奇花异草栽培，因其复苏特性，也称为"九死还魂草"。

福建观音座莲

Angiopteris fokiensis（观音座莲科）

别　名：莲座蕨

高大草本；根状茎肥大，圆球形，留存叶柄基部肉质托叶状的附属物似莲座状；叶二回羽状，叶脉二叉，羽片披针形，渐尖头；孢子囊群长圆形。国家二级保护野生植物，有培育作科普教育。

金毛狗

Cibotium barometz（蚌壳蕨科）

大型草本、根状茎卧生，密被金黄色长茸毛；叶三回羽状分裂，上面有光泽，背面灰绿色或灰蓝绿色；孢子囊长于裂片边缘，囊群盖二瓣，形如蚌壳状。国家二级保护野生植物，可药用，有培育作科普教育。

塔斯马尼亚蚌壳蕨

Dicksonia antarctica（蚌壳科）

别　名：澳大利亚树蕨、软树蕨

乔木型蕨类；茎被棕色鳞片；叶长可达数米，叶柄光滑，三至四回羽状；囊群盖两瓣，形如蚌壳。引种观赏。

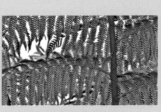

桫椤

Alsophila spinulosa（桫椤科）

乔木型蕨类；茎、叶柄密被暗棕色鳞片，主干高可达6米，具斑状叶痕；叶三回羽状深裂，叶轴和羽轴密被刺突；孢子囊群圆形，囊托突起，囊群盖球形。国家二级保护野生植物，可药用，有培育作科普教育。

黑桫椤

Gymnosphaera podophylla（桫椤科）

乔木型蕨类；茎、叶柄被褐棕色鳞片；叶一至二回羽状，叶柄红棕色；孢子囊群圆形，着生于小脉背面近基部处，无囊群盖。国家二级保护野生植物，可药用，有培育供科普教育。

笔筒树

Sphaeropteris lepifera（桫椤科）

别　名：多鳞白桫椤

乔木型蕨类；茎、叶柄密被苍白色鳞片，主干高可达6米，具斑状叶痕；叶三回羽状，叶轴和羽轴密被疣突；孢子囊群圆形，近主脉着生，无囊群盖。国家二级保护野生植物，有培育作科普教育。

白羽凤尾蕨

Pteris ensiformis var. *victoriae*（凤尾蕨科）

别　名：银脉凤尾蕨、夏雪银线蕨

多年生草本；奇数二回羽状复叶，羽片中央沿主脉两侧各有1条纵行的灰白色带；孢子囊群线形，沿叶缘连续延伸。本土植物，剑叶凤尾蕨[*P. ensiformis*]的自然变种，培育作园艺观赏。

泽泻蕨

Hemionitis arifolia（裸子蕨科）

别　名：心愿叶、心叶蕨、荷叶蕨

　　湿生草本；根状茎短而直立；叶簇生，近二型，叶柄栗色，叶心状卵形至长卵形或戟形；孢子囊群沿网脉着生。本土植物，可作水族观赏水草栽培。

大鳞巢蕨

Neottopteris antiqua（铁角蕨科）

　　附生或地生草本；根状茎直立而粗短，盘集成鸟巢状；叶簇生，阔披针形，长达1米，主脉两面隆起，暗棕色；孢子囊群线形，近叶片上部着生，不达主脉，囊群盖线形。本土植物，可栽培观赏。

巢蕨

Neottopteris nidus（铁角蕨科）

别　名：鸟巢蕨、台湾山苏花、山苏花、尖头巢蕨

　　附生或地生草本；根状茎直立，粗短，通常盘集成鸟巢状；叶簇生，阔披针形；孢子囊群线形，生于小脉的上侧，囊群盖线形。本土植物，可栽培观赏。

胎生狗脊蕨

Woodwardia prolifera（乌毛蕨科）

别　名：珠芽狗脊

　　地生草本；根状茎横卧；叶近生，二回深羽裂，羽片上面通常能产生小珠芽，珠芽成长后脱落母体形成新植株；孢子囊群新月形，囊群盖宿存。本土植物，或有作奇花异卉栽培。

红椿蕨

Neoblechnum brasiliense（乌毛蕨科）

别　名：富贵蕨

　　灌木型蕨类；根状茎直立，粗短，呈灌木状；叶一回羽状，边缘波状；孢子囊群条状，着生于中脉两侧。引种观赏。

圆盖阴石蕨

Humata tyermanni（骨碎补科）

别　名：白毛蛇

　　附生草本；根状茎长而横走，密被灰白色至淡棕色的鳞片；叶远生，三至四回羽状深裂；孢子囊群生于小脉顶端；囊群盖近圆形。本土植物，可栽培观赏或作层间绿化。

冠状鹿角蕨
Platycerium coronarium（鹿角蕨科）

别　名：皇冠鹿角蕨

　　大型附生草本；营养叶厚且高大，顶端叉状分裂形如皇冠状，孢子叶多回叉状分裂，裂片在第一次分叉后成两短一长。引种观赏，可作层间绿化。

二歧鹿角蕨
Platycerium bifurcatum（鹿角蕨科）

　　附生草本；具基生不育叶，无柄，直立或贴生，浅裂至四回分叉；能育叶直立，伸展或下垂，二至五回叉裂；孢子囊群位于裂片先端。引种观赏，常用作层间绿化。

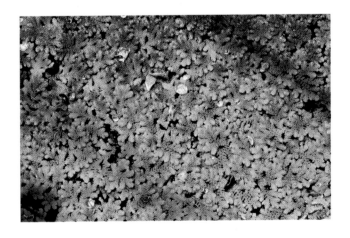

满江红
Azolla imbricata（满江红科）

别　名：中国满江红、红苹

　　飘浮水生草本；茎呈直线形或"S"形，断裂后可形成新个体；叶二列互生，基部有富含黏液的共生腔，内有固氮蓝藻（鱼腥藻）；大孢子果体积小，小孢子果体积较大。本土绿肥植物，可用于水族观赏。

无齿苏铁

Cycas edentata（苏铁科）

　　常绿低矮棕榈状木本；叶一回羽状，羽片镰状条形，叶柄下部有数对齿状刺；雌雄异株，小孢子叶球圆柱形，大孢子叶密生铜褐色短绒毛，边缘近全缘。引种观赏。

仙湖苏铁

Cycas fairylakea（苏铁科）

　　常绿低矮棕榈状木本，常多头丛生；叶一回羽状，羽片条形至镰刀状条形，有光泽，宽8~17毫米；雌雄异株，小孢子叶球圆柱形，大孢子叶球半球形，大孢子叶边缘篦齿状深裂。野生植株为国家一级保护野生植物，广东各地常有栽培。

苏铁

Cycas revoluta（苏铁科）

别　名：铁树、避火蕉

　　常绿低矮棕榈状木本，树干基部常有珠芽长成的幼株；叶一回羽状，羽片条形，宽4~6毫米，顶端刺状；雌雄异株，小孢子叶球圆柱形，大孢子叶球半球形，大孢子叶顶端流苏状条裂，密生灰黄色短绒毛。野生植株为国家一级保护野生植物，广泛栽培。

刺叶苏铁

Encephalartos ferox（苏铁科）

别　名：刺叶非洲铁

　　常绿低矮木本；叶一回羽状，羽片长椭圆形，边缘具坚硬锐齿；雌雄异株，小孢子叶球圆柱形，大孢子叶球卵球状，橙红色。引种观赏。

泽米苏铁

Zamia furfuracea（苏铁科）

别　名：南美苏铁、鳞秕泽米

　　常绿低矮木本；叶一回羽状，羽片7～12对，长椭圆形，边缘有细齿，无中脉；雌雄异株，小孢子叶球粗棒状，大孢子叶松球果状。引种观赏。

银杏

Ginkgo biloba（银杏科）

别　名：公孙树、白果

　　落叶乔木；有长短枝之分，叶扇形、脉叉状，长枝上叶散生，常2裂，短枝上叶簇生，波状缺刻；球花雌雄异株；种子熟时黄色或橙黄色，外被白粉，种仁称为"白果"。野生植株为国家一级保护野生植物，多为栽培。

马尾松

Pinus massoniana （松科）

别　名：山松、青松

　　常绿乔木；树皮分裂成鳞状片块；针叶通常2针一束，具褐色叶鞘；雄球花穗状，聚生于新枝下部，雌球花聚生于新枝近顶端。本土植物，用于绿化造林或作盆景。其树脂为松香，可药用或工业用。

杉木

Cunninghamia lanceolata （杉科）

别　名：沙木、杉

　　常绿乔木；大枝平展，小枝近对生或轮生，常成二列状；叶在基部扭转成二列状，披针形或条状披针形，叶背沿中脉两侧各有1条白粉气孔带；雌雄同株、异枝，雄球花簇生，雌球花单生或2~3个集生。本土植物，材用树种，可用于绿化造林。

落羽杉

Taxodium distichum （杉科）

别　名：落羽松

　　沼生落叶乔木；具屈膝状的呼吸根；侧生小枝排列成二列，互生状；叶条形，在小枝上排成二列，互生，状若羽毛；雌雄同株，雄球花卵圆形，球果球形或卵圆形；另有变种池杉 [*T. distichum* var. *imbricatum*]（小图），当年生小枝常弯垂，叶钻形，不成二列。均为引种，常用于水岸美化绿化。

金黄球柏

Platycladus orientalis 'Semperaurescens'（柏科）

常绿灌木；新生枝叶黄绿色，分枝极多，树冠多呈球形；叶鳞形；雄球花黄色，卵圆形，雌球花近球形，蓝绿色，被白粉，成熟后木质，开裂。本土植物侧柏的园艺品种，栽培作绿篱或观赏。

竹柏

Nageia nagi（罗汉松科）

别　名：铁甲树、罗汉柴

常绿乔木；叶卵状椭圆形至披针形，革质，细脉多且无中脉；雄球花穗状，圆柱形，雌球花单个或成对生于叶腋；种子圆球形，熟时暗紫色。台湾特有树种，可栽培观赏。

罗汉松

Podocarpus macrophyllus（罗汉松科）

别　名：土杉、罗汉杉

常绿灌木至乔木；叶革质，线状披针形，叶背被白粉呈粉绿色；雄球花穗状，多个簇生，雌球花单生或成对；种子卵圆形或近球形，熟时红色或紫红色；野生植株为国家二级保护野生植物，多为栽培观赏及材用。

番荔枝

Annona squamosa （番荔枝科）

别　名：释迦

广州地区为常绿小乔木；叶薄纸质，椭圆形至椭圆状披针形，背苍白绿色；花单生或2~4朵聚生，青黄色，下垂；聚合浆果圆球状或心状圆锥形，外形酷似荔枝，故名。热带水果，引种栽培。

依兰

Cananga odorata （番荔枝科）

别　名：大依兰、香水树

常绿乔木或灌木；叶卵状椭圆形或长椭圆形，膜质至薄纸质，边缘波状；花序单生于叶腋内或叶腋外，倒垂，花被黄绿色，芳香；浆果。花朵是制香精油的原料，引种栽培。

鹰爪花

Artabotrys hexapetalus （番荔枝科）

别　名：鹰爪、五爪兰

灌木或藤本；叶长椭圆形至阔披针形，近革质，全缘；花1~2朵着生于钩状花序梗上，淡绿色或黄色，芳香；浆果卵球形，数个簇生。本土植物，多见于栽培观赏。

假鹰爪

Desmos chinensis（番荔枝科）

别　名：鸡爪木、五爪龙

　　直立灌木或藤本；叶薄纸质或膜质，椭圆形或长椭圆形；花黄白色，单朵与叶对生或互生，熟时极芳香；聚合果念珠状。本土植物，可栽培观赏。

阴香

Cinnamomum burmannii（樟科）

别　名：香桂、小桂皮

　　常绿乔木，具樟脑气味；叶卵形、椭圆形或披针形，离基三出脉，脉腋无腺体；聚伞花序具3朵花，常再排成圆锥状；浆果卵球形。本土植物，常栽培观赏及用于绿化。

樟

Cinnamomum camphora（樟科）

别　名：香樟、小叶樟

　　常绿大乔木，具樟脑气味；树皮有不规则的纵裂；叶互生，离基三出脉，脉腋有腺体；圆锥花序腋生，花绿白色或带黄色；浆果熟时紫黑色。本土材用植物，常栽培观赏及用于绿化。

蓝花耧斗菜

Aquilegia caerulea（毛茛科）

别　名：紫萼漏斗花、变色耧斗菜

　　多年生草本；基生叶二至三回三出复叶，小叶边缘缺刻；聚伞花序，萼片5，花瓣状，花瓣5片，与萼片同色或异色，下部向下延长成距；蓇葖果。有多个品种，花色多样，引种观赏。

大花飞燕草

Delphinium × cultorum（毛茛科）

别　名：大花翠雀

　　多年生草本；叶互生，掌状深裂，裂片边缘齿缺；花排成总状或圆锥状，萼花瓣状，上萼片通常有距，花瓣2片或无，退化雄蕊花瓣状，2片。园艺杂交种，品种多，花色多种，引种观赏。

凤丹

Paeonia ostii（毛茛科）

别　名：铜陵牡丹、铜陵凤丹

　　落叶小灌木；二回羽状复叶，顶生小叶通常3裂；花单生枝顶，花瓣9～11片；蓇葖果圆柱形。本土植物，现广泛栽培，有多个品种，花色多样，可盆栽观赏，也作切花。

牡丹

Paeonia suffruticosa（毛茛科）

别　名：洛阳花、富贵花

　　落叶小灌木；叶通常为二回三出复叶，偶尔近枝顶的叶为3小叶；花单生枝顶，花瓣5片或为重瓣，大而美丽，有近千个品种，花型花色多样。本土植物，中国传统花卉之一，可作鲜切花，也可盆栽观赏。

莲

Nelumbo nucifera（睡莲科）

别　名：荷、荷花、莲花

　　多年生水生草本，通气组织发达；根状茎横生，具节；叶圆形，盾状，被粉霜，叶柄具短刺；花单生，直径10~20厘米、红色、粉红色或白色，花柄具刺；小坚果镶嵌在花托上组成聚合果；花托（俗称莲蓬）、叶可药用，茎、果实可食用。野生植株为国家二级保护野生植物，广泛栽培。

萍蓬草

Nuphar pumilum（睡莲科）

别　名：黄金莲、荷根

　　多年生水生草本；具根状茎；叶阔卵形至卵形，或椭圆形，基部具弯缺，心形，侧脉羽状二歧分枝；花单生于花葶上，黄色，柱头盘常带橙红色；浆果卵球形。本土植物，可栽培观赏。

日本萍蓬草

Nuphar japonica（睡莲科）

别　名：日本荷根

　　多年生水生草本；具根状茎；浮水叶
纸质，阔卵形或卵形，基部"V"形缺刻，
沉水叶膜质，波状；花单生于花葶上，黄
色，花瓣常染橙红色，挺水开放，柱头盘黄
色；浆果卵球形。引种栽培，可作水族观赏
水草。

齿叶睡莲

Nymphaea lotus（睡莲科）

别　名：埃及白睡莲

　　多年生水生草本；根状茎肥厚；叶卵
圆形，基部深弯缺，边缘有三角状锐齿；花
挺水开放，花色多样，常见白色、红色或粉
红色；浆果，卵形，有凹陷。另有变种柔毛
齿叶睡莲 [*N. lotus* var. *pubescens*]，叶下被柔
毛，均为引种观赏水生植物。

延药睡莲

Nymphaea nouchali（睡莲科）

别　名：蓝睡莲

　　多年生水生草本；根状茎肥厚；叶圆形或椭圆形，基
部具弯缺，边缘有波状钝齿或近全缘；花挺水开放，花瓣白
色，或青紫色、鲜蓝色、紫红色，雄蕊花药隔先端具长附属
物。引种作观赏或切花。

科罗拉多睡莲

Nymphaea 'Colorado'（睡莲科）

多年生水生草本；根状茎肥厚；叶二型，沉水叶薄膜质，浮水叶圆形或卵形，基部心形或箭形；花浮于或高出水面。园艺品种，引种观赏，也可作水族水草。

睡莲

Nymphaea tetragona（睡莲科）

别　名：子午莲、野生睡莲

多年生水生草本；根状茎短粗；叶纸质，心状卵形或卵状椭圆形，基部具深弯缺，约占叶片全长的1/3，全缘；花浮水开放、直径通常3～5厘米，花瓣白色；浆果球形。本土植物，在我国广泛分布，或作栽培。

王莲

Victoria amazonica（睡莲科）

别　名：亚马逊王莲

多年生大型浮叶草本；具肥大的根状茎；叶浮水生长，圆形或椭圆形，叶缘上翘，如圆箕状，背面具刺；花挺水开放，初开白色，后变红色，凋谢后沉入水中继续发育果实；浆果被称为"水玉米"，可食用。引种观赏。

南天竹

Nandina domestica （小檗科）

别　名：蓝田竹、红天竺

　　常绿或半落叶小灌木；叶互生，三至四回羽状复叶，小叶椭圆形至椭圆状披针形；花白色，排成圆锥花序；浆果球形，熟时红色。本土植物，可栽培观赏。

蕺菜

Houttuynia cordata （三白草科）

别　名：鱼腥草

　　多年生草本；具地下根状茎；叶密被腺点，阔卵形或卵状心形；穗状花序顶生或与叶对生，基部具4片白色花瓣状苞片；蒴果近球形。本土植物，全株或根状茎可药用及食用。

三白草

Saururus chinensis （三白草科）

别　名：塘边藕

　　湿生常绿草本；茎有纵长粗棱和沟槽；叶阔卵形至卵状披针形，密生腺点，基部心形或斜心形，茎顶端的2～3片叶于花期常变为白色，呈花瓣状；总状花序与叶对生，初时绿色，开放时白色，无花被。本土植物，可作药用及栽培观赏。

时钟花

Turnera ulmifolia（时钟花科）

别　名：黄时钟花

　　多年生亚灌木；叶互生，椭圆形至倒披针形，边缘具齿，基部有一对腺体；花近顶生，花冠金黄色，5基数；蒴果。此植物花朵的开放与光照、温度等环境因子的关系密切，引起"时钟酶"的体内水平变化从而控制花朵进行有规律的开闭，因此而得名。引种观赏，可药用。

醉蝶花

Cleome spinosa（白花菜科）

别　名：蝴蝶梅、醉蝴蝶

　　一年生强壮草本；全株被黏质腺毛，有特殊臭味；掌状复叶具5～7小叶，有托叶刺；总状花序多花，花瓣粉红色或白色，具长柄，4基数；蒴果圆柱形。引种观赏。

冰岛罂粟

Papaver nudicaule（罂粟科）

别　名：冰岛虞美人、野罂粟

　　多年生草本；叶基生，羽状深裂或近全裂；花单生于花莛上，花瓣4片，有多种花色，花被有硬毛；蒴果有4～8条淡色的宽肋。引种观赏。

赤果鱼木

Crateva trifoliata（白花菜科）

别　名：钝叶鱼木

　　落叶灌木至乔木；叶互生，掌状3小叶，小叶椭圆形或倒卵形，顶端圆急尖或钝急尖，侧生小叶基部不对称；花数朵排成伞房状或短总状，花瓣4片，开放后白色转黄色，有爪；浆果球形。本土植物，可栽培观赏。

三色堇

Viola tricolor（堇菜科）

别　名：猴面花、鬼脸花、猫儿脸

　　一至多年生草本；基生叶长卵形或披针形，具长柄，托叶叶状，羽状深裂；花色多，也有纯色的品种；蒴果椭球形。引种观赏。

香雪球

Lobularia maritima（十字花科）

别　名：庭芥、玉蝶球

　　多年生草本；全株被"丁"字毛，毛带银灰色；叶披针形至条形，全缘；花序伞房状，花瓣紫色、白色或杂色，基部突然变窄成爪；短角果扁圆柱形。引种观赏。

大花桃金娘叶远志

Polygala myrtifolia 'Grandiflora'（远志科）

　　常绿灌木；叶椭圆形至椭圆状披针形，全缘，顶端渐尖或短渐尖；总状花序顶生，花紫色或淡紫色，龙骨瓣顶端有鸡冠状附属物；蒴果。引种观赏。

达尔迈远志

Polygala × dalmaisiana（远志科）

　　常绿灌木，园艺杂交种，亲本是灌木远志[*P. oppositifolia*]和桃金娘叶远志[*P. myrtifolia*]；叶互生，卵状椭圆形，顶端钝圆或钝尖；花顶生，排成总状，花冠紫色，或深或浅。引种观赏。

燕子掌

Crassula ovata（景天科）

别　　名：景天树、八宝

　　肉质亚灌木；茎多分枝；叶对生，肉质，倒卵形至倒卵状椭圆形或匙形；聚伞花序顶生，5基数，花被白色、粉红色或淡紫色。另有燕子掌的品种：姬花月[*C. ovata* 'Minima']（小图），叶边缘镶红色。引种观赏。

条裂伽蓝菜

Kalanchoe laciniata（景天科）

别　名：伽蓝菜

　　多年生肉质草本；叶对生，羽状深裂，裂片线形或线状披针形，边缘有浅锯齿或浅裂；聚伞花序排列圆锥状，花4基数，橙红、黄色等。本土植物，可栽培观赏。

虎耳草

Saxifraga stolonifera（虎耳草科）

别　名：金线吊芙蓉

　　多年生常绿草本，被长腺毛；基生叶近心形、肾形或扁圆形，边缘浅裂，并有不规则锯齿和腺睫毛，茎生叶披针形；聚伞花序圆锥状，花瓣5片，2片较大，白色至淡紫色，并有紫色的斑点。本土植物，可栽培观赏及药用。

白网纹瓶子草

Sarracenia leucophylla（瓶子草科）

别　名：长叶瓶子草

　　湿地草本，食虫植物；叶锥形长筒状，内侧有狭翅，口盖阔卵形，有网纹，瓶口唇边褶纹明显，囊壁内有蜜腺，囊底部有"消化液"，叶也称为"捕虫囊"；花单生于花茎顶端，5基数，花柱顶端扩大成伞形的"盾"。引种观赏。

杂交石竹
Dianthus hybridus （石竹科）

别　　名：杂种石竹

多年生草本；叶对生，基部抱茎；花单生或数朵簇生成聚伞花序，花瓣边缘有锯齿；蒴果圆柱形。由中国石竹[*D. chinensis*]与须苞石竹[*D. barbatus*]杂交而成，盆栽或作切花。

心叶日中花
Mesembryanthemum cordifolium （番杏科）

别　　名：心叶冰花、花蔓草、牡丹吊兰

多年生常绿草本，稍肉质；茎斜卧或披散；叶对生，心状卵形，扁平；花单生，花萼4片，二形，花瓣紫红色，匙形，多数；蒴果肉质，星状瓣裂。引种观赏。

细小石头花
Gypsophila muralis （石竹科）

一年生草本；茎自基部开始多分枝；叶线形，对生，细小；花排成疏散的二歧聚伞花序，花瓣淡红色，杂以紫红色脉纹，顶端啮蚀状，也培育有白花或重瓣的品种；蒴果圆柱形。本土植物，可栽培观赏。

大花马齿苋

Portulaca grandiflora（马齿苋科）

别　名：松叶牡丹、太阳花、午时花

　　一至多年生草本，近肉质；茎平卧或斜升；叶细圆柱形，叶腋常簇生白色长柔毛；花单生或数朵簇生枝顶，花瓣5片或重瓣；蒴果盖裂。引种观赏。

环翅马齿苋

Portulaca umbraticola（马齿苋科）

别　名：阔叶马齿苋、阔叶半枝莲、马齿牡丹

　　一至多年生草本，近肉质；茎平卧或斜升；叶扁平而肥厚，倒卵形；花5基数，花色丰富，品种多，单瓣或重瓣。是由大花马齿苋和马齿苋[*P. oleracea*]杂交产生的园艺杂交种，另有斑叶的品种（小图）。

鸡冠花

Celosia cristata（苋科）

别　名：老来红

　　一或多年生草本；叶互生，卵形、卵状披针形或披针形；穗状花序顶生，花密集成扁平肉质鸡冠状、卷冠状或羽毛状的圆锥花序，花序红色、紫色、黄色、橙色或红色黄色相间。可栽培观赏及药用。变种穗冠花[*C. cristata* var. *plumosa*]（下图）花序羽毛状。

千日红

Gomphrena globosa（苋科）

别　名：百日红、火球花

　　一年生草本；茎、叶柄有灰白色糙毛和长柔毛；茎节稍彭大；叶长椭圆形或倒卵状椭圆形，被白色长柔毛；花密集成球状，紫红色、粉紫色或白色，花序作药用。引种观赏。

血苋

Iresine herbstii（苋科）

别　名：红洋苋、红叶苋

　　多年生草本；叶宽卵形或近圆形，紫色沿脉浅紫红色，或为绿色而沿脉黄色；花雌雄异株，排成圆锥花序，绿白色或黄白色；胞果卵球形。引种观赏。

心叶落葵薯

Anredera cordifolia（落葵科）

别　名：土田七

　　缠绕草质藤本，稍肉质，腋生珠芽；叶卵形或近圆形，基部圆形或心形；花排成总状花序，花托杯状，花被白色；浆果球形。引种栽培，珠芽、叶和根可药用、食用。

家天竺葵

Pelargonium domesticum（牻牛儿苗科）

别　名：洋蝴蝶、大花天竺葵、姐妹花

　　多年生草本；叶互生，圆肾形，基部常心形，具不规则锐锯齿，有时3～5浅裂；伞形花序与叶对生或腋生，有多个品种，多色，通常花瓣上有深色的斑纹。引种观赏。

香叶天竺葵

Pelargonium graveolens（牻牛儿苗科）

别　名：驱蚊草、香叶

　　多年生灌木状草本，有芳香气味，被毛；叶互生，掌状5～7深裂；伞形花序与叶对生，花瓣玫瑰色或粉红色；蒴果。全株含香叶醇，常称为驱蚊草，引种观赏及提取芳香油。

天竺葵

Pelargonium hortorum（牻牛儿苗科）

别　名：臭海棠、洋葵

　　多年生草本；叶互生，圆形或肾形，基部心形，具圆齿，上面有暗红色马蹄形环纹；伞形聚伞花序腋生，有多种花色。引种观赏。

枫叶天竺葵

Pelargonium × hortorum 'Vancouver Centennial' （牻牛儿苗科）

别　名：百年温哥华

多年生草本至亚灌木；叶半圆形，基部浅心形，边缘掌状浅裂，枫叶状，叶上面大部分呈褐红色，边缘绿色；聚伞花序伞形，花瓣红色，大小不一。引种观赏。

红花酢浆草

Oxalis corymbosa （酢浆草科）

别　名：大酸味草

多年生直立草本；具球状鳞茎，肉质根；指状复叶基生，小叶3片，扁圆状倒心形；二歧聚伞花排列呈伞形状花序，花瓣淡紫色至紫红色；蒴果。引种栽培或归化，可作观赏。

黄花酢浆草

Oxalis pes-caprae （酢浆草科）

别　名：百慕大奶油花

多年生草本；具块茎和匍匐的根状茎；叶基生，小叶3片，深凹陷呈心形；伞形花序基生，明显长于叶，5基数，花冠黄色。引种观赏。

三角紫叶酢浆草

Oxalis triangularis （酢浆草科）

别　名：紫叶酢浆草

　　多年生草本；具根状茎；叶基生，小叶3片，阔倒三角形，紫色；伞形花序基生，明显长于叶，5基数，花冠淡红色或淡紫色。引种观赏，有多个品种。

凤仙花

Impatiens balsamina （凤仙花科）

别　名：指甲花、急性子

　　一年生草本；茎粗壮，肉质；叶互生，有时对生，边缘有锐齿；花单生或2～3朵簇生于叶腋，无总花梗，多种花色，单瓣或重瓣；蒴果宽纺锤状，能弹裂而射出种子。本土植物，花及叶可染指甲，茎及种子药用。可栽培观赏。

非洲凤仙花

Impatiens walleriana （凤仙花科）

别　名：苏丹凤仙花

　　多年生半肉质草本；单叶互生，叶卵形至长椭圆形，边缘具有芒尖的锯齿；花单生或数朵簇生于叶腋，花型、花色丰富，有多个栽培品种。引种观赏。

细叶萼距花

Cuphea hyssopifolia（千屈菜科）

别　名：紫雪茄

　　常绿灌木，被短柔毛；叶近对生，长常不及2厘米，披针形至椭圆状披针形；花腋生或近顶处腋生，5基数，花冠紫红色并有深紫色脉纹，略皱。引种作绿篱或盆栽观赏。

雪茄花

Cuphea ignea（千屈菜科）

别　名：红丁香、焰红萼距花

　　常绿亚灌木；叶对生，菱状披针形至倒披针形，全缘，顶端渐尖；花单生，无花瓣，萼筒火红色，顶端变浅色，齿裂；蒴果圆柱状。引种观赏。

毛萼紫薇

Lagerstroemia balansae（千屈菜科）

别　名：大紫薇、皱叶紫薇

　　常绿乔木；幼嫩部分和花序被黄褐色星状绒毛；树皮浅黄色并间有绿褐色斑块；叶近对生，矩圆状披针形，顶端渐尖；圆锥花序顶生，花瓣6片，紫白色至淡紫色。本土植物，可作观赏。

大花紫薇

Lagerstroemia speciosa（千屈菜科）

别　名：大叶紫薇

　　落叶大乔木；树皮平滑；叶革质，矩圆形或卵状椭圆形，稀为披针形，近对生；花瓣淡紫红色，皱，排成顶生的圆锥花序；蒴果。引种观赏。

紫薇

Lagerstroemia indica（千屈菜科）

别　名：蚊子花

　　落叶灌木或小乔木；树皮平滑，枝干多扭曲，小枝四棱；叶互生或近对生，纸质，椭圆形、阔椭圆形或倒卵形，全缘；花瓣皱，淡红色或紫色、白色，排成顶生的圆锥花序；蒴果，种子具翅。本土观赏树木。

古代稀

Clarkia amoena（柳叶菜科）

别　名：别春花

　　一年生草本；叶互生，条形至披针形；花4基数，排成穗状花序，花色多种，有粉红色、白色、紫色、洋红色等或复色；蒴果圆柱状。引种观赏。

倒挂金钟

Fuchsia hybrida（柳叶菜科）

别　名：吊钟海棠、灯笼花

　　常绿亚灌木；茎多分枝，幼枝常紫红色；叶对生，卵形或卵状椭圆形，边缘有疏齿或齿状突尖，叶脉常带紫红色；花单朵腋生或稀成对，下垂，花4基数或重瓣，萼紫红色，花瓣紫红色、红色、粉红色、白色等；浆果紫红色，倒卵球形。园艺杂交种，品种很多，引种观赏。

菱叶丁香蓼

Ludwigia sedioides（柳叶菜科）

别　名：菱叶水龙、黄花菱

　　水生草本；叶二型，沉水叶羽状细裂，裂片丝状，浮水叶菱形，排列成莲花状，边缘具齿；花单生叶腋，4基数，花瓣黄色。引种观赏。

粉绿狐尾藻

Myriophyllum aquaticum（小二仙草科）

别　名：羽毛草、绿凤尾

　　多年生沉水或挺水草本；茎能匍匐和直立生长；挺水叶多为5~6片轮生，一回羽状，沉水叶丝状；花白色，雌雄异株，轮生于叶腋。引种观赏。

宝巾
Bougainvillea glabra（紫茉莉科）

别　名：簕杜鹃

　　木质藤本或灌木；有腋生的枝刺；叶纸质，卵形或卵状披针形；花3朵集生在小枝顶端的3片苞片内，苞片叶状，有紫色、红色、橙色、黄色、白色等或复色。品种很多，也有叶上具黄斑、白斑的品种。引种观赏。

土沉香
Aquilaria sinensis（瑞香科）

别　名：莞香、白木香

　　常绿乔木；叶革质，圆形至椭圆形，有时近倒卵形，全缘；花多朵组成伞形花序，黄绿色，芳香；蒴果。老茎受伤后所积得的树脂，俗称"沉香"，可作香料原料及药用。国家二级保护野生植物，现野生种源稀少，但常有栽培。

锯齿班克木
Banksia serrata（山龙眼科）

别　名：锯齿佛塔树

　　常绿乔木，密被绒毛；叶互生，匙状披针形至匙状条形，边缘具锯齿；穗状花序，花极多，密集成圆柱状，顶生，形似佛塔；果柱形，木质化。引种观赏，可作切花。

火焰针垫花

Leucospermum 'Firedance'（山龙眼科）

常绿灌木；蔓性或披散状；叶轮生，条形；花密集成头状，顶生，花冠针管状，从被毛的苞片中提抽而出，自基部向上从淡橙黄色渐变至橙红色。引种观赏，可作切花。

海岸班克木

Banksia integrifolia（山龙眼科）

别　名：班克木、佛塔树、全缘叶班克木、变叶佛塔树

常绿乔木；叶互生，匙状披针形至匙状条形，全缘，背面银白色；穗状花序密集成圆柱状，花极多；果柱形，木质化，遇火烧或完全干燥后才会打开。引种观赏，可作切花。

红花银桦

Grevillea banksii（山龙眼科）

别　名：贝克斯银桦

常绿灌木至小乔木；幼枝及花序被短绒毛；叶二回羽状深裂，背面被丝状毛，边缘略反卷；总状花序顶生，花被橙红色至鲜红色；蓇葖果歪卵球形。引种观赏。

堪培拉宝石银桦

Grevillea 'Canberra Gem'
（山龙眼科）

别　名：蜘蛛花

　　常绿灌木；枝叶形似迷迭香，枝被短绒毛；叶针形，轮状互生，顶端针尖；总状花序或圆锥花序，花被管细长，花蕾时下弯；蓇葖果偏斜。园艺品种，引种观赏。

银桦

Grevillea robusta（山龙眼科）

别　名：银橡树、绢柏

　　常绿乔木；树皮具浅皱纵裂，嫩枝被锈色绒毛；叶二回羽状，边缘背卷，背面被毛；总状花序腋生，花橙色或黄褐色，蓇葖果斜卵球形。引种观赏，可作行道树及材用。

紫花西番莲

Passiflora amethystina（西番莲科）

别　名：堇色西番莲

　　多年生常绿藤本；具腋生卷须；叶掌状3深裂，裂片全缘，叶柄上散生数个腺体；聚伞花序退化仅余1花，腋生，花萼和花瓣紫色，背面绿色，副花冠丝状，紫色；浆果。引种观赏。

鸡蛋果

Passiflora edulis（西番莲科）

别　名：百香果

　　常绿草质藤本；有腋生、卷曲的卷须；叶三深裂，裂片边缘具细齿，近缺弯处基部有1~2个杯状小腺体，叶柄近顶端也有2个腺体；聚伞花序退化仅余1花，5基数，具丝状的副花冠；浆果球形，可食用。引种栽培。

罗汉果

Siraitia grosvenorii（葫芦科）

别　名：光果木鳖

　　草质藤本；根肥大；茎有棱沟；叶柄被毛及鳞腺，叶膜质，卵状心形、阔卵状心形或三角状卵形；雌雄异株，雄花序总状，雌花单生或2~5朵集生，花冠黄色，被黑色腺点；瓠果球形或椭球形，味极甜，作茶或药用。本土植物。

四季秋海棠

Begonia cucullata（秋海棠科）

别　名：蚬肉海棠、玫红四季海棠

　　多年生半肉质草本；叶互生，基部不对称，边缘具不规则疏浅锯齿，带花青素而常呈紫红色；花单性同株，排成聚伞花序，腋生，花瓣红色、淡红色或白色；蒴果具翅。引种观赏。

地毯秋海棠

Begonia imperialis （秋海棠科）

别　名：帝王秋海棠

　　多年生半肉质草本；叶基部浅偏心形，边缘具不规则疏浅锯齿；花单性同株，排成聚伞花序，花瓣白色；蒴果具翅或棱。引种观赏。

番木瓜

Carica papaya （番木瓜科）

别　名：万寿果、木瓜

　　常绿软木质小乔木，全株有丰富的白色乳汁；茎上具叶痕；叶大，常聚生茎顶，近盾形，掌状5~9深裂，裂片再有羽状分裂；花两性或单性，同株或异株；浆果肉质，可生食或作蔬菜。引种栽培，不同的品种果形和大小有异。

胭脂掌

Opuntia cochenillifera （仙人掌科）

别　名：无刺仙人掌、仙人掌

　　肉质灌木，或可长至小乔木状，多分枝；叶状枝椭圆形、长圆形、狭椭圆形至狭倒卵形，暗绿色至淡蓝绿色；小窠散生，不突出，无刺或具1~3小刺；叶钻形，早落；花托倒卵球形，花被片直立，红色；浆果椭圆球形。引种栽培或归化，是胭脂虫的主要寄主之一。

缩刺仙人掌

Opuntia stricta（仙人掌科）

别　名：刺毛团扇

　　丛生肉质灌木；叶状枝椭圆形、狭倒卵形或倒卵形；刺不发育或单生于分枝边缘的小窠上；花黄色，花托倒卵形；浆果倒卵球形。引种栽培，可用作绿篱。

蟹爪兰

Schlumbergera truncata（仙人掌科）

别　名：螃蟹兰、蟹爪莲

　　肉质草本；老茎木质化；叶状枝扁平，两侧边缘粗锯齿状，齿腋有短刺毛；花于叶状枝顶及齿腋中长出，花被片玫红色至紫红色；浆果梨形。另有园艺品种，花橙色、黄色、粉红色等。引种观赏。

越南抱茎茶

Camellia amplexicaulis（山茶科）

别　名：海棠茶

　　常绿小乔木；叶互生，长椭圆形至阔披针形，边缘有细尖齿，叶柄短，叶片基部心形，抱茎；花红色，单生或簇生于枝顶及叶腋，下垂或侧斜展。引种供观赏和绿化。

杜鹃红山茶
Camellia azalea（山茶科）

别　名：杜鹃叶山茶、假大头茶、张氏红山茶

　　常绿灌木至小乔木；叶革质，倒卵状长椭圆形或长椭圆形，全缘；花单生于枝顶叶腋，花冠深红色，花瓣顶端凹入；蒴果短纺锤形。野生植株为国家一级保护野生植物，已培育作科普教育。

山茶
Camellia japonica（山茶科）

别　名：红山茶、茶花

　　常绿灌木或小乔木；叶革质，椭圆形，亮绿色，边缘有细锯齿；花大、美丽，顶生及腋生，苞片及萼片约10片组成杯状的苞被，花色多样或复色，且多为重瓣；蒴果。本土植物，品种繁多，广泛栽培供观赏。

金花茶
Camellia nitidissima（山茶科）

　　常绿灌木；叶革质，长椭圆形、披针形或倒披针形，侧脉在上面凹下，边缘具细齿；花单朵腋生，花冠金黄色，故名；蒴果3~4裂。本土植物，其花色在山茶属中较为独特，野生植株为国家二级保护野生植物，已培育作科普教育。

广宁油茶

Camellia semiserrata（山茶科）

别　名：红花油茶、南山茶

常绿乔木；叶革质，椭圆形至长椭圆形，暗绿，边缘有锐尖的细齿；花顶生，无柄，花瓣6~7片，红色；蒴果卵球形，厚木质，直径可达8厘米。本土植物，培育为观赏和绿化树种。

茶

Camellia sinensis（山茶科）

别　名：茶树、茗

灌木或小乔木；叶革质，长椭圆形或椭圆形，边缘有锯齿，无毛或初时有柔毛；花1~3朵腋生，白色；蒴果，单球形或2~3凸球形。野生植株为国家二级保护野生植物，其叶为我国著名的传统饮品，长期广泛栽培，培育出不同的品系和风味。

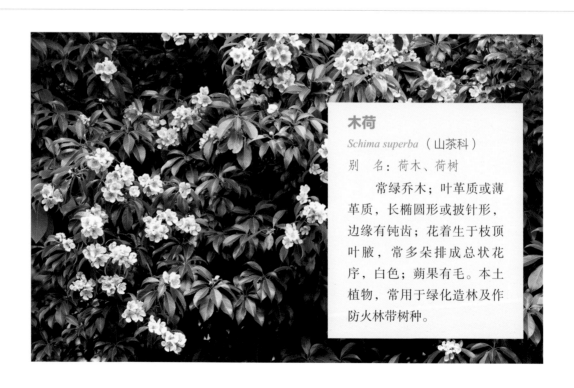

木荷

Schima superba（山茶科）

别　名：荷木、荷树

常绿乔木；叶革质或薄革质，长椭圆形或披针形，边缘有钝齿；花着生于枝顶叶腋，常多朵排成总状花序，白色；蒴果有毛。本土植物，常用于绿化造林及作防火林带树种。

桂叶黄梅

Ochna thomasiana（金莲木科）

别　名：米老鼠树

　　常绿灌木；叶革质，长椭圆形或倒卵状椭圆形，具疏锯齿，齿尖针芒状；花序近伞房状，花冠黄色；核果椭球形，熟时黑色，宿萼鲜红色。引种观赏。

鼠眼木

Ochna serrulata（金莲木科）

别　名：米老鼠花

　　落叶灌木；小枝密布点状皮孔；叶革质，披针形，边缘具锐齿；花腋生，近伞房状，花冠黄色；核果熟时黑色，宿萼由绿转为红色。引种观赏。

美花红千层

Callistemon citrinus（桃金娘科）

别　名：硬枝红千层

　　常绿大灌木至小乔木；叶片硬革质，披针形至阔条形；穗状花序生于枝顶，直立，花序轴顶端可无限生长，在花期时或花后继续生长成为新枝条，雄蕊鲜红色；蒴果。引种观赏。

红千层

Callistemon rigidus（桃金娘科）

别　名：瓶刷木、金宝树

　　常绿小乔木；叶片坚革质，线形，初时有丝毛；穗状花序生于枝顶，随枝条直立或斜展，花序轴在花期时或花后继续生长成为新枝条；花瓣绿色，雄蕊鲜红色；蒴果半球形。引种观赏。

串钱柳

Callistemon viminalis（桃金娘科）

别　名：垂枝红千层

　　常绿小乔木；枝下垂，似垂柳状；叶互生，纸质，披针形或窄线形；穗状花序顶生，随枝条下垂，花序轴在花期时或花后继续生长成为新枝条；蒴果。引种，可作堤岸绿化树种。

蜡花

Chamelaucium uncinatum（桃金娘科）

别　名：西澳蜡花、风蜡花、淘金彩梅

　　常绿灌木；叶对生，线形；花于枝顶成对腋生，排成伞房状，萼管与子房合生成杯状，花5基数，花瓣蜡质有光泽，粉红色或白色，作切花时也常有染成橙色、黄色、蓝色等。引种观赏，多作切花。

松红梅

Leptospermum scoparium（桃金娘科）

别　名：扫帚叶澳洲茶

　　常绿灌木，因叶似松叶、花似红梅而得名；叶互生，叶片线状或线状披针形；花单生于小枝顶，有单瓣、重瓣之分，花色多为红色、粉红色或白色；蒴果革质，成熟时先端裂开。引种栽培，可作切花或盆栽观赏。

互叶白千层

Melaleuca alternifolia（桃金娘科）

别　名：澳洲茶树

　　常绿灌木；树皮灰白色，薄层片状剥落；叶互生，披针形至扁针形，具油腺点，有芳香气味；花密集排成穗状花序，花序轴无限生长，在花期时或花后继续生长成为新枝，花丝联合成5束羽毛状的多体雄蕊；蒴果半球形，引种栽培。主要用于提炼精油，商品名为"茶树精油"，作化妆品用，也可医用。

桃金娘

Rhodomyrtus tomentosa（桃金娘科）

别　名：岗稔、山稔

　　常绿灌木；被短柔毛；叶对生，离基3主脉，椭圆形或倒卵形，顶端圆钝；花通常单生，5基数，花冠紫红色；浆果卵状壶形，熟时紫黑色，果味甜，可食用和药用。本土植物。

钟花蒲桃

Syzygium campanulatum（桃金娘科）

别　名：红叶蒲桃、红车木

　　常绿小乔木；叶椭圆形至狭椭圆形，新叶亮红色至橙红色，成叶深绿色；花白色，排成圆锥花序，花瓣连成钟状；浆果紫黑色。引种供绿化观赏。

蒲桃

Syzygium jambos（桃金娘科）

别　名：广东葡桃

　　常绿乔木；叶对生，披针形或长椭圆形，具多数透明细小腺点；聚伞花序顶生，花白色；浆果球形，果皮肉质，可食用。本土植物，常作绿化树种栽培。

洋蒲桃

Syzygium samarangense（桃金娘科）

别　名：莲雾

　　常绿乔木；嫩枝压扁；叶椭圆形至长椭圆形，侧脉多达19对，并于叶缘处结合成明显的边脉；聚伞花序顶生或腋生，花白色，雄蕊极多；浆果梨形或圆锥形，洋红色或暗紫红色，可作水果，称为"莲雾"。引种栽培，可观赏。

金蒲桃
Xanthostemon chrysanthus（桃金娘科）

别　名：黄金熊猫、金猫熊、黄金蒲桃

　　常绿乔木；叶互生或近对生，披针形至条状披针形，全缘；聚伞花序近顶生或顶生，伞房状，花开放时呈花球状，黄色或金黄色；蒴果。引种观赏。

锐棱玉蕊
Barringtonia reticulata（玉蕊科）

　　常绿小乔木；叶大，聚生于枝顶，椭圆形或倒卵状椭圆形；花白色或粉红色，总状花序顶生或腋生，下垂；果具棱翅。引种观赏。

滨玉蕊
Barringtonia asiatica（玉蕊科）

别　名：棋盘脚树

　　常绿乔木；小枝有叶痕；叶大，聚生于枝顶，倒卵形或倒卵状矩圆形，长可达40厘米；花白色或粉红色，总状花序顶生，直立，花瓣白色，雄蕊6轮；果卵球形或近圆锥形，4棱。我国产自台湾滨海地区，作景观树种栽培。

多花野牡丹

Melastoma affine （野牡丹科）

别　名：酒瓶果、山甜娘

　　常绿灌木，密被贴伏的鳞状糙伏毛；叶披针形、卵状披针形或长椭圆形，基出脉5条，基部近楔形或圆形；聚伞花序伞房状，生于分枝顶端，花瓣玫红色或粉红色，雄蕊二型，长雄蕊有弯曲的长药隔。本土植物，可作绿化观赏。

野牡丹

Melastoma candidum （野牡丹科）

别　名：山石榴、猪古稔

　　常绿灌木，密被贴伏的鳞状糙伏毛；叶卵状椭圆形或椭圆形，基出脉7条，基部浅心形或近圆形；伞房状聚伞花序生于分枝顶端，花瓣玫红色或粉红色，雄蕊二型，长雄蕊有弯曲的长药隔。本土植物，可作绿化观赏。

粉苞酸脚杆

Medinilla magnifica （野牡丹科）

别　名：珍珠宝莲、宝莲灯、美灯花、壮丽酸脚杆

　　常绿灌木；茎有4棱或4翅；叶对生，卵形至椭圆形；聚伞花序组成圆锥花序，弯垂，序轴上有多层粉红色或粉白色、莲瓣状总苞片，花冠钟形；浆果。引种观赏。

阿尔斯顿维尔野牡丹

Tibouchina lepidota 'Alstonville' （野牡丹科）

别　名：阿尔斯顿维尔

　　常绿灌木，被糙毛；茎钝四棱；叶纸质，基出脉5条，长椭圆形至椭圆状披针形；伞房花序顶生，花瓣艳紫色，雄蕊花丝被长柔毛。引种观赏。

紫花野牡丹

Tibouchina semidecandra （野牡丹科）

别　名：巴西野牡丹、巴西蒂牡花

　　常绿灌木；茎四棱；叶纸质，基出脉5条，披针形或卵状披针形；伞房状花序顶生，花瓣艳紫色，雄蕊二型。引种观赏。

头花风车子

Combretum constrictum （使君子科）

别　名：泰国粉扑藤、头花风车藤、泰国风车子

　　常绿披散状灌木或藤本；叶对生，倒卵状长椭圆形至倒披针形，全缘；穗状花序密集呈头状，雄蕊和花柱远长于花冠，艳红色；假核果椭球形，具5钝棱。引种观赏。

使君子

Quisqualis indica（使君子科）

别　名：四君子

　　木质藤本，被柔毛；叶对生或近对生，卵状椭圆形至长椭圆形，全缘；伞房状花序顶生，萼管细长，花瓣5片，初开白色，后转为淡红色至红色；翅果具5锐棱。另有重瓣的品种重瓣使君子[*Q. indica* 'Double Flowered']（小图）。本土植物，常有栽培，作绿荫及观赏。

千果榄仁

Terminalia myriocarpa（使君子科）

别　名：大马缨子花、千红花树

　　常绿乔木；叶对生，厚纸质，长椭圆形，侧脉两面明显，叶柄顶端有一对具柄的腺体；圆锥花序顶生或腋生，花小而多，红色；瘦果有3翅。国家二级保护野生植物，有培育作科普教育。

榄仁树

Terminalia catappa（使君子科）

别　名：山枇杷树、大叶榄仁

　　半落叶大乔木；树皮纵裂而剥落，枝扁平；叶互生，常集生枝顶，倒卵形至倒卵状椭圆形，长可达25厘米；穗状花序腋生，长而纤细，雄花生于上部，两性花生于下部，花冠绿色或白色，5基数；假核果有二棱。本土植物，可药用、材用，可作绿化树种。

菲岛福木

Garcinia subelliptica（藤黄科）

别　　名：福树、福木

　　常绿乔木；小枝具4～6棱；叶厚革质，卵形至卵状长椭圆形或椭圆形，顶端钝、圆形或微凹；雄花和雌花通常混合在一起，簇生或单生于已落叶的老枝上；浆果成熟时黄色。本土植物，培育为绿化观赏树种，也是优良的海岸防风林树种。

文定果

Muntingia colabura（杜英科）

别　　名：南美假樱桃

　　常绿小乔木；枝及叶被短腺毛；叶卵状长椭圆形，掌状脉序，叶基斜心形，边缘具齿；花单生或成对，5基数，花瓣白色（小图）；浆果多汁，熟时红色，可食用。引种栽培。

槭叶瓶干树

Brachychiton acerifolius（梧桐科）

别　　名：槭叶苹婆、槭叶瓶干树、澳洲火焰木、槭叶瓶子树、澳洲火焰树

　　半常绿乔木；叶互生，掌状3或5～9裂，全缘，具长叶柄；圆锥状花序腋生，花冠钟状，艳红色；蓇葖果棱状柱形。优良的观赏树种，引种栽培。

假苹婆

Sterculia lanceolata（梧桐科）

别　名：赛苹婆、鸡冠木

　　常绿乔木；叶椭圆形至椭圆状披针形；圆锥花序腋生，无瓣，花萼淡红或淡褐色，基部合生，5裂，状若星状；蓇葖果熟时黄色或红色（小图），种子黄褐色至黑褐色。本土植物，可作绿化树种。

异色瓶子树

Brachychiton discolor（梧桐科）

别　名：澳洲苹婆

　　落叶乔木，被星状短柔毛；叶通常掌状5浅裂，边缘不明显波状；圆锥状花序顶生，花萼和花冠均为钟状，花冠粉红色，冠檐5裂；蓇葖果短棒状。优良的观赏树种，引种栽培。

苹婆

Sterculia nobilis（梧桐科）

别　名：凤眼果

　　常绿乔木；叶矩圆形或倒卵状椭圆形，叶柄两端膨大；圆锥花序顶生和腋生，无花瓣，花萼白色至淡红色，基部合生，5裂，裂片顶端聚合呈灯笼状；蓇葖果熟时艳红色，开裂露出黑褐色种子，状如"凤眼"。珠三角地区作果树栽培。

可可

Theobroma cacao（梧桐科）

别　名：可加树

　　常绿乔木；叶卵状长椭圆形或倒卵状椭圆形；花5基数，花萼粉红色，花瓣黄色；核果纺锤状圆柱形，果皮肉质，干后硬木质，种子卵圆形，是制作巧克力的主要原料。引种栽培。

木棉

Bombax ceiba（木棉科）

别　名：英雄树、红棉

　　落叶大乔木；树干通常有圆锥状的粗刺；掌状复叶，小叶5～7片，全缘；花单生枝顶叶腋，通常红色，有时橙红色；蒴果椭球形，种子藏于绵毛内。本土植物，广州市市花，多为栽培。

丝木棉

Chorisia insignis（木棉科）

别　名：大腹异木棉、白花异木棉

　　落叶大乔木；树干下部常膨大，密生圆锥状皮刺；掌状复叶具5～9小叶；花单生，初开时浅黄色，最后变成白色；蒴果椭球形，含有绵毛。引种栽培，作行道树或园林观赏。

美丽异木棉

Ceiba speciosa（木棉科）

别　名：美人树

　　落叶大乔木；树干下部常膨大呈酒瓶状，密生圆锥状皮刺；掌状复叶具3～7小叶，叶缘具锯齿；花冠淡粉红色，中心黄白色，花丝合生成雄蕊管；蒴果纺锤形，有绵毛。引种栽培，作行道树或园林观赏。

咖啡黄葵

Abelmoschus esculentus（锦葵科）

别　名：秋葵、羊角豆、越南芝麻

　　一年生草本至亚灌木，被硬毛；叶掌状3～7裂，裂片具粗齿及凹缺；花单生叶腋，小苞片8～10片，果时宿存，花冠黄色，内面基部紫色；蒴果柱状尖塔形，嫩果作蔬菜，称"秋葵"。另有茎、叶柄、果柄淡红色的品种。引种栽培。

红萼苘麻

Abutilon megapotamicum（锦葵科）

别　名：蔓性风铃花

　　常绿蔓性灌木；叶心形，边缘有钝锯齿，有时分裂；花单生于叶腋，下垂，花萼红色，花冠黄色，状如风铃；蒴果。引种栽培，可供观赏或作绿篱。

蜀葵

Althaea rosea（锦葵科）

别　名：棋盘花、吴葵

　　二年生亚灌木；茎枝密被刺毛；
叶掌状5～7浅裂或波状，基部心形；
花腋生，有叶状苞片，花大，直径
6～10厘米，多色；蒴果。本土植物，
可栽培观赏。

小木槿

Anisodontea capensis（锦葵科）

别　名：迷你木槿、南非葵

　　常绿灌木；叶三角状卵形，掌状3裂，边缘
具齿；花单生叶腋，花冠浅紫红色；蒴果。引种
观赏。

陆地棉

Gossypium hirsutum（锦葵科）

别　名：美洲棉、墨西哥棉

　　一年生亚灌木；叶宽卵形，通常3深裂，偶5裂；花单生叶腋，小苞片3片，顶端
7～9齿裂，花冠白色或黄白色，后变淡红色或紫色；蒴果，种子具白色长棉毛和短
棉毛，是棉花的原料。引种，广泛栽培于全国，现已成为产棉的主要物种。

木芙蓉

Hibiscus mutabilis（锦葵科）

别　名：酒醉芙蓉、芙蓉花、重瓣木芙蓉

落叶灌木或小乔木，密被星状毛和细绒毛；叶卵状心形，通常5～7裂，具钝圆锯齿；花单生，花冠初白色或淡红色，后深红色，单瓣或有品种重瓣；蒴果扁球形。本土植物，可栽培观赏。花叶药用，花亦可作食用。

扶桑

Hibiscus rosa-sinensis（锦葵科）

别　名：朱槿、大红花

常绿灌木；叶阔卵形或狭卵形，边缘具粗齿或缺刻，叶背脉上被肉眼不易见的星状毛，触之有刺手感；花单生于上部叶腋间，花柄上有节，花冠漏斗形，园艺品种有多种花色；蒴果。另有花叶的品种锦叶扶桑[*H. rosa-sinensis* 'Cooperi']（小图）等。本土植物，栽培历史悠久。

玫瑰茄

Hibiscus sabdariffa（锦葵科）

别　名：红桃K

一年生亚灌木；茎、枝淡紫色；茎下部叶卵形，不分裂，上部叶掌状3深裂，有锯齿；花单生，花托、副萼、花萼紫红色，花冠淡紫色或黄色；蒴果，嫩果用以制作果酱，成果可作果茶，也作药用。引种栽培。

吊灯扶桑

Hibiscus schizopetalus（锦葵科）

别　名：吊灯花

　　常绿灌木；叶椭圆形或长椭圆形，边缘中下部以上具粗齿；花单生枝顶叶腋，下垂，花瓣红色，深裂成流苏状，反折，状如吊灯。引种，供观赏。

木槿

Hibiscus syriacus（锦葵科）

别　名：鸡肉花、白饭花

　　落叶灌木，有淡黄色星状毛；叶菱形至三角状卵形，3裂或不裂，边缘具不整齐锯齿；花单生，淡紫色，栽培型亦有重瓣和其他花色。花可作蔬食，种子入药。本土植物，可栽培观赏。

欧锦葵

Malva sylvestris（锦葵科）

别　名：钱葵

　　多年生草本，疏被糙毛；叶圆肾形，5～7掌状浅裂，边缘具圆锯齿；花多朵簇生叶腋，花冠紫红色或白色，花瓣上有深色条纹；蒴果扁球形。引种栽培，也可药用。

垂花悬铃花

Malvaviscus penduliflorus（锦葵科）

别　名：灯笼扶桑、南美朱槿

灌木；叶卵状披针形，具钝齿；花单生于叶腋，倒垂，开放时仅花冠上部展开；蒴果初为肉质浆果状，后变干燥而分裂。引种观赏。

金虎尾

Malpighia coccigera（金虎尾科）

别　名：刺叶黄褥花、栎叶樱桃

常绿灌木；叶对生，卵圆形至倒卵形，长通常不超过2厘米，边缘有刺状疏齿；花组成腋生的聚伞花序，或单生，花瓣5片，有长柄，初时淡红色，后变白色，边缘细齿裂；核果鲜红色。引种观赏。

金英

Thryallis gracilis（金虎尾科）

别　名：黄花金虎尾

灌木；叶对生，全缘，基部有2个小腺体，椭圆形或长椭圆形；总状花序顶生，花瓣具爪，黄色；蒴果。引种观赏。

红尾铁苋

Acalypha reptans（大戟科）

别　名：猫尾红、小狗尾红、红毛苋

　　半蔓性灌木，被柔毛；叶互生，卵形或卵圆形，边缘具芒状锯齿；雌雄异株，花序穗状，鲜红色，状若"狗尾草"。引种观赏。

红穗铁苋菜

Acalypha hispida（大戟科）

别　名：狗尾红

　　常绿灌木；叶纸质，阔卵形或卵形，边缘具粗锯齿；雌雄异株，雌花序腋生，红色，穗状，下垂。引种观赏。

红桑

Acalypha wilkesiana（大戟科）

别　名：绿桑、铁苋菜

　　常绿灌木；叶纸质，阔卵形，常为波状，边缘具粗圆齿，古铜绿色或浅红色，有不规则的红色、黄色或紫色斑块；雌雄同株，通常异序，穗状，通常弯垂。引种观赏。

石栗

Aleurites moluccana （大戟科）

别　名：黑桐油树、烛果树

常绿乔木；嫩枝密被灰褐色星状微柔毛；叶纸质，卵形至椭圆状披针形，基出脉3～5条，两面被星状微柔毛，边缘有疏齿；花雌雄同株，同序或异序，花瓣乳白色至乳黄色；核果近球形；种子含油量高，供工业用和开发"生物柴油"。本土植物，栽培作行道树或庭园绿化。

二列黑面神

Breynia disticha （大戟科）

别　名：雪花木、白雪树

常绿灌木；叶卵形至椭圆形，混有白色或浅红色斑块；花雌雄同株，无瓣，仅有萼，雌花结实时宿存；蒴果呈浆果状。引种栽培，可作观叶植物。

猩猩草

Euphorbia cyathophora （大戟科）

别　名：草一品红、叶上花

一年至多年生草本或亚灌木，有乳汁；叶互生，卵形、椭圆形或卵状椭圆形，边缘波状分裂或具波状齿或全缘；总苞叶与茎生叶同形，有红色镶黑边的斑块，大戟花序排成聚伞状；蒴果有三棱。引种栽培或归化，可作观赏。

一品红

Euphorbia pulcherrima（大戟科）

别　名：圣诞花、老来娇、猩猩木

具乳汁灌木；单叶互生，卵状椭圆形、长椭圆形或披针形，全缘或浅裂；数个聚伞花序排列于枝顶，具苞叶5～7片，朱红色，也有品种呈白色、粉红色或浅紫色；总苞坛状，有黄色腺体1～2个；蒴果。引种观赏。

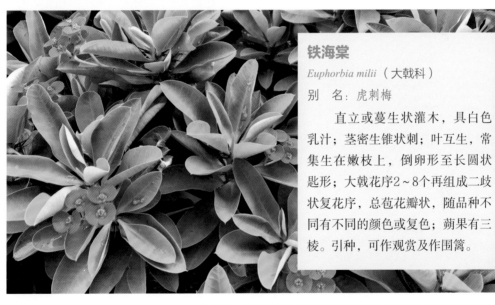

铁海棠

Euphorbia milii（大戟科）

别　名：虎刺梅

直立或蔓生状灌木，具白色乳汁；茎密生锥状刺；叶互生，常集生在嫩枝上，倒卵形至长圆状匙形；大戟花序2～8个再组成二歧状复花序，总苞花瓣状，随品种不同有不同的颜色或复色；蒴果有三棱。引种，可作观赏及作围篱。

红背桂

Excoecaria cochinchinensis（大戟科）

别　名：红背桂花

常绿灌木；叶对生或稀为3叶轮生，长椭圆形，背面紫红色，边缘有细齿；雌雄异株，聚集成腋生或顶生的短总状花序；蒴果球形。本土植物，多为栽培，常作绿篱。

琴叶珊瑚

Jatropha integerrima（大戟科）

别　名：变叶珊瑚花、南洋樱、琴叶樱

　　灌木，具乳汁，有毒；单叶互生，阔倒披针形，叶基常有尖齿，或有浅角裂；花单性同株，不同时开放，花冠红色或粉红色，排成二歧聚伞花序；蒴果。引种栽培观赏。

红浮萍

Phyllanthus fluitans（大戟科）

别　名：红毛丹浮萍

　　多年生水生草本；茎节上长有不定根，可固定或漂浮生长；光照充足下叶呈红色，互生，卵圆形至椭圆形；花单性；蒴果。引种栽培，可作观赏水族水草。

锡兰叶下珠

Phyllanthus myrtifolius（大戟科）

别　名：瘤腺叶下珠

　　灌木；叶革质，倒披针形，顶端钝或急尖；花单性同株，直径约3毫米，数朵簇生于叶腋；蒴果扁球形。引种栽培，可作观赏。

蓖麻

Ricinus communis（大戟科）

别　名：大麻子、草麻

多年生灌木，通常被白霜；叶7～11掌状深裂，边缘具齿；雄花生于花序下部，雌花生于花序上部，排成圆锥花序状；蒴果，果皮具刺。归化植物，种子有毒，不可食用，其油供药用和工业用，可用于研制"生物柴油"。

山乌桕

Triadica cochinchinensis（大戟科）

别　名：红心乌桕

半落叶乔大，具乳汁；叶片椭圆形或卵状椭圆形，叶柄顶端具2个毗连的腺体；花单性同株，排成总状花序；蒴果黑色，球形。本土植物，秋、冬季叶片颜色变红，可作秋叶树种观赏，种子油用于研制"生物柴油"。

乌桕

Triadica sebifera（大戟科）

别　名：腊子树

乔木，具乳汁；叶片菱形、菱状卵形或稀有菱状倒卵形，叶柄顶端有2个腺体；花单性，雌雄同株，排在同一总状花序上；蒴果梨状球形，成熟时黑色。本土植物，或作绿化观赏树木栽培，种子外被白色的假种皮可制皂、蜡烛，种子油用于研制"生物柴油"。

木油桐

Vernicia montana（大戟科）

别　名：千年桐、油桐

　　落叶乔木；叶阔卵形，基部心形至截平，全缘或2~5裂，叶柄顶端有2个具柄的杯状腺体；雌雄异株或有时同株异序，花瓣白色或基部紫红色且有紫红色脉纹；核果卵球状。本土植物，5月盛花期时使林相泛白，台湾地区称为"五月雪"，种子油工业用，也可作生物柴油原料。

绣球

Hydrangea macrophylla（绣球科）

别　名：八仙花、紫阳花

　　常绿亚灌木至灌木；茎基部多分枝常呈丛状，有明显皮孔；叶近革质，倒卵形或阔椭圆形，边缘具粗齿；伞房状聚伞花序花极多，密集成近球形，多为不孕花，栽培品种多，有红色、蓝色或白色等。本土植物，观赏及药用。

桃

Amygdalus persica（蔷薇科）

别　名：桃花、桃树

　　落叶灌木至小乔木；小枝绿色，老后转为红褐色；叶长圆状披针形、椭圆披针形或倒卵状披针形，边缘有锯齿，叶柄上常有腺体；花单生，先于叶开放，栽培品种多，花有深紫红色、淡紫红色、桃红色、白色等，单瓣或重瓣；核果形状和大小均有变异，可作水果。其枝干受伤分泌的胶质俗称"桃胶"，药食两用。本土植物，常栽培作迎春花卉。

梅

Armeniaca mume（蔷薇科）

别　名：酸梅、乌梅

　　落叶灌木至小乔木；叶卵形或椭圆形，顶端长尾尖，边缘具细小的锐齿，叶柄上常有腺体；花1～2朵生于芽内，先于叶开放，花瓣白色、粉红色或红色，单瓣或重瓣；核果有纵沟，可食用。本土植物，在我国有数千年栽培历史，品种很多。

垂丝海棠

Malus halliana（蔷薇科）

别　名：垂枝海棠、解语花

　　落叶乔木；小枝细弱，微弯曲；叶卵形或椭圆形至长椭圆形，边缘有细锯齿，顶端长渐尖；伞房花序有花4～6朵，花梗细弱、下垂，花瓣基部有短爪，粉红色，也有重瓣、白花等变种；浆果梨形或倒卵形。本土植物，常栽培观赏。

海棠花

Malus spectabilis（蔷薇科）

别　名：海棠、日本海棠

　　落叶乔木；叶片椭圆形至长椭圆形，顶端短渐尖或钝尖，边缘有紧贴细锯齿，有时全缘；花序近伞形，有花4～6朵，花瓣卵形，基部有短爪，白色或带粉红色，单瓣，另有重瓣的园艺品种；浆果球形。我国著名的观赏树种。

八棱海棠

Malus × robusta（蔷薇科）

落叶小乔木，本土植物楸子 [*M. prunifolia*] 和山荆子 [*M. baccata*] 的杂交种；叶片革质，叶卵圆或椭圆形，边缘具齿；伞形花序有花数朵，叶后开放，花瓣白色或淡红色；梨果扁球至卵球形，可食用。栽培观赏。

沙梨

Pyrus pyrifolia（蔷薇科）

别　名：麻安梨、黄金梨

落叶乔木；叶卵形至卵状椭圆形，顶端长尖，基部圆或近心形，有刺芒状锯齿；花白色，总状花序伞形状；梨果近球形，浅褐色，有浅色斑点，食用水果。本土植物，栽培品种多，果有较大差异。

月季花

Rosa chinensis（蔷薇科）

别　名：月季、月月红

直立灌木；枝和叶柄有短粗的钩状皮刺，稀无刺；奇数羽状复叶具小叶3~5片，宽卵形或卵状椭圆形，边缘有锐齿；花数朵集生或单生，至少有一片萼片带有羽状裂片，花瓣多层，红色、黄色、蓝紫色、紫红色至紫黑色、白色等或复色。本土植物，世界各地普遍栽培，园艺品种众多，栽种或作鲜切花观赏，是五大切花之一。俗称"玫瑰"，但玫瑰 [*R. rugosa*] 的花萼均为全缘，枝密生长刺和短刺，叶脉下陷明显，可与本种区别。

马大杂种相思

Acacia mangium × *A. auriculiformis*

（含羞草科）

常绿乔木；小枝微扁，有棱；叶状柄斜橄榄形，脉4~5条；穗状花序数个簇生叶腋，花白色或污白色；是马占相思和大叶相思的人工杂交种，生长迅速，植株性状接近马占相思，多用于绿化造林。

银荆

Acacia dealbata （含羞草科）

别　名：鱼骨松

灌木或小乔木，无刺；二回羽状复叶，银灰或淡绿色，叶轴的羽片着生处有腺体，羽片10~25对，小叶26~46对；头状花序复排成圆锥状，淡黄色或橙黄色。引种观赏。

珍珠合欢

Acacia podalyriaefolia （含羞草科）

别　名：银叶金合欢、珍珠相思

常绿灌木或小乔木；叶状柄阔卵形或椭圆形，灰绿色至银白色；花黄色，头状花序再排成总状的圆锥花序；荚果扁平。引种栽培，可观赏。

细叶粉扑花

Calliandra brevipes （含羞草科）

别　名：羽叶粉扑花、香水粉扑花、细叶粉扑花、香水合欢

　　常绿灌木至小乔木；叶二回羽状，小叶10～30对，细小；头状花序近顶部腋生，花丝下部白色，上部粉紫红色；荚果扁条形。引种栽培，可作观赏。

红粉扑花

Calliandra tergemina var. *emarginata*
（含羞草科）

别　名：粉红合欢

　　半常绿灌木；二回羽状复叶，二级羽轴2支，第1对小叶仅各1片，第2对小叶各2片；头状花序腋生，花聚合成半球状，雄蕊红色，花丝基部合生处为白色，像化妆用的粉扑。引种栽培，可作观赏。

含羞草

Mimosa pudica （含羞草科）

别　名：怕羞草、害羞草

　　披散状亚灌木，被钩刺和倒生刺毛；二回偶数羽状复叶，小叶线状长椭圆形，受触动后极易闭合且下垂；头状花序腋生和顶生，花淡紫红色；荚果扁平、波状，被刺毛。引种栽培或归化，可作观赏及药用。

红花羊蹄甲

Bauhinia blakeana（苏木科）

别　名：紫荆花

常绿乔木；叶阔心形，顶端二裂，状如羊蹄印；花紫红色，排成总状或圆锥花序；通常不结果。是洋紫荆[*B. variegata*]和羊蹄甲[*B. purpurea*]的一种自然杂交种，1880年在中国香港被首次发现，是香港特别行政区的区花。

李叶羊蹄甲

Bauhinia didyma（苏木科）

别　名：飞机藤、牛耳麻

常绿木质藤本；叶从顶端对半分裂至近基部，形成两片对称的小叶状裂片；伞房状总状花序生于侧枝顶，花瓣白色，具短瓣柄，边缘波状；荚果带状、扁平。本土植物，可栽培观赏。

橙花羊蹄甲

Bauhinia galpinii（苏木科）

别　名：嘉氏羊蹄甲、南非羊蹄甲

常绿木质藤本；叶坚纸质，近圆形，顶端2裂可达叶长的一半，裂片钝圆；聚伞花序伞房状，花瓣倒匙形，艳红色；荚果扁长圆状，引种栽培，可作观赏。

黄花羊蹄甲

Bauhinia tomentosa （苏木科）

　　直立灌木；幼嫩部分被锈色柔毛；叶纸质，近圆形，顶端2深裂达叶长的2/5，基出脉7～9条；花通常2朵双生，或有1～3朵，花冠淡黄色，也有淡红色、淡紫色和白色的品种。引种栽培，可作观赏。

橙羊蹄甲藤

Bauhinia kockiana （苏木科）

别　名：素心花藤

　　常绿木质藤本；叶卵状椭圆形或椭圆形，全缘不裂，基出3脉，顶端渐尖；花排成总状或伞房状，花冠自黄色转变为橙红色，花瓣边缘波状。引种栽培，可作观赏。

洋紫荆

Bauhinia variegata （苏木科）

别　名：宫粉紫荆、宫粉羊蹄甲

　　落叶乔木；叶近革质，宽度常超于长度，顶端2裂达叶长的1/3；总状花序腋生或顶生，花冠紫红色、淡红色、白色，杂以黄绿色及暗紫色的斑纹；荚果带状。本土植物，庭栽或作行道树。

腊肠树

Cassia fistula（苏木科）

别　名：阿勃勒、牛角树

落叶乔木；一回羽状复叶，具小叶3~4对；花瓣黄色；荚果圆柱形，形似腊肠，故名。引种栽培，材用树种，可作行道树。

金凤花

Caesalpinia pulcherrima（苏木科）

别　名：洋金凤

常绿大灌木至小乔木；枝散生皮刺；二回羽状复叶具羽片4~8对，小叶7~11对，椭圆形或倒卵形；总状花序排成近伞房状，花瓣橙红色或黄色，边缘皱波状；荚果扁长。引种栽培，可作观赏。

黄槐决明

Cassia surattensis（苏木科）

别　名：黄槐

灌木至小乔木；一回羽状复叶具小叶7~9对，第1至第3对小叶之间的叶柄上部有棍棒状腺体；花鲜黄色至深黄色，排成总状花序；荚果扁平。引种栽培，多作行道树。

紫荆

Cercis chinensis（苏木科）

别　名：裸枝树、紫珠

　　丛生或单生灌木；叶纸质，近圆形或三角状圆形，基部浅至深心形；花2～10余朵聚生成束，簇生于老枝和主干上，花冠紫红色或粉红色；荚果扁平、狭长。本土植物，可作药用，常作木本花卉栽培。

凤凰木

Delonix regia（苏木科）

别　名：红花楹树、洋楹

　　高大落叶乔木；二回偶数羽状复叶，羽片对生，小叶约25对，密集对生，长不及1厘米；伞房状总状花序顶生或腋生，花瓣鲜红色至橙红色；荚果带形，扁平。引种栽培，作观赏、行道树。

格木

Erythrophleum fordii（苏木科）

别　名：斗登凤

　　常绿乔木；叶二回羽状，羽片对生，小叶互生，卵形或卵状椭圆形，两侧不对称；穗状花序复排成圆锥花序，花淡黄绿色；荚果扁长。本土植物，国家二级保护野生植物，著名硬木之一，常栽培材用。

银珠

Peltophorum tonkinense（苏木科）

别　名：油楠

　　落叶乔木，幼嫩部分被锈色毛；二回偶数羽状复叶，羽片6～13对，小叶长椭圆形，长通常不超过2厘米；总状花序，花冠黄色；荚果具翅，扁平。本土植物，可作观赏。

酸豆

Tamarindus indica（苏木科）

别　名：罗望子、酸角

　　乔木；偶数羽状复叶，小叶10～20多对，椭圆形或长椭圆形；总状花序或圆锥状，花瓣仅后方3片发育，黄色或杂以紫红色条纹，前方2片退化为鳞片状；荚果圆柱形，果肉味酸甜，作调味或食用。引种栽培，可作观赏。

蔓花生

Arachis duranensis（蝶形花科）

别　名：长喙花生、黄色蔓花生

　　多年生宿根草本；茎蔓生，上部斜升；偶数羽状复叶通常具4片小叶，小叶倒卵状椭圆形，夜晚会闭合；花单朵腋生，花冠鲜黄色；引种栽培，多用作地被绿化。

蝶豆

Clitoria ternatea （蝶形花科）

别　名：蓝蝴蝶、蓝花豆

　　草质藤本或亚灌木；羽状复叶具5~7片小叶，小叶卵形至椭圆形，顶端钝且具小凸尖；花单朵腋生，花冠蓝色、粉红色或白色，长可达5.5厘米；荚果扁平且具长喙。引种栽培，可作观赏，也可作绿肥。

印度黄檀

Dalbergia sissoo （蝶形花科）

别　名：印度檀

　　乔木；一回羽状复叶有小叶3~7片，小叶近圆形或有时菱状倒卵形，顶端短尾尖；圆锥花序近伞房状，腋生，花冠淡黄色或白色；荚果扁长圆形至带状。引种作庭园观赏和材用。

鸡冠刺桐

Erythrina crista-galli （蝶形花科）

别　名：巴西刺桐

　　落叶灌木或小乔木，茎和叶柄具稀疏皮刺；羽状复叶具3片小叶；总状或圆锥状花序顶生，花冠深红色；荚果褐色。引种庭栽及作行道树。

刺桐

Erythrina variegata（蝶形花科）

别　名：海桐

　　落叶乔木，枝有黑色皮刺；羽状复叶具3片小叶，小叶宽卵形或菱状卵形；总状花序顶生，花冠红色，龙骨瓣与翼瓣近等长；荚果圆柱形，种子状如蚕豆。引种栽培，多用作绿化观赏。

日本胡枝子

Lespedeza thunbergii（蝶形花科）

别　名：黑胡枝子

　　落叶小灌木；幼枝、花序和叶背被细毛；羽状复叶具3片小叶，小叶椭圆形至长椭圆形；总状花序腋生，或在枝顶呈圆锥状花序，花冠紫红色。引种观赏。

紫一叶豆

Hardenbergia violacea（蝶形花科）

别　名：紫哈登柏豆、紫珊豆

　　攀援灌木，披散状，常可缠绕生长；复叶仅具单小叶，卵圆形至卵状披针形；花多，排成圆锥状花序，紫色，也有粉色或白色，旗瓣有黄色或黄绿色斑点；荚果扁平。引种栽培，可作观赏。

白羽扇豆

Lupinus albus （蝶形花科）

别　名：白花羽扇豆

　　一年生草本，茎被贴伏或伸展长柔毛；掌状复叶有小叶5～9片，椭圆状披针形或倒卵状披针形，背面被柔毛；总状花序多花，花冠白色，也有浅紫色、淡红色等；荚果扁线状。引种栽培，作饲料及观赏。

多叶羽扇豆

Lupinus polyphyllus （蝶形花科）

别　名：鲁冰花

　　多年生草本；掌状复叶，小叶通常9～15片，多可达18片，小叶倒披针状条形；总状花序顶生，花冠蓝色至堇青色，栽培也有白色、淡红色至深红色或紫红色；荚果长圆柱形。引种栽培，有多个园艺品种，作观赏花卉。

大翼豆

Macroptilium lathyroides

（蝶形花科）

别　名：紫菜豆

　　一或二年生直立草本，有时蔓生；羽状复叶具3小叶，小叶狭椭圆形至卵状披针形，背面被短柔毛或长柔毛；花冠中翼瓣最大，紫红色；荚果线状。我国引种作牧草。

木本苜蓿

Medicago arborea（蝶形花科）

常绿灌木，被灰白色绢毛；羽状复叶具3片小叶，小叶倒卵状椭圆形或倒披针形，顶端具不明显的细齿；花排成总状，花冠橙黄色；荚果扁平，螺旋状卷曲。引种栽培，可作观赏。

白花油麻藤

Mucuna birdwoodiana（蝶形花科）

别　名：禾雀花

常绿大型木质藤本；羽状复叶具3片小叶，小叶革质，侧生小叶偏斜；总状花序生于老茎上或腋生，花冠白色或绿白色，开放时状若张翅的小鸟；荚果带形，木质。本土植物，可作药用。常栽培作观赏。

黎豆

Mucuna pruriens var. *utilis*（蝶形花科）

别　名：狗爪豆、牛牯豆

一年生缠绕藤本，被开展的白色疏柔毛；羽状复叶具3片小叶，侧生小叶极偏斜；总状花序下垂，花冠深紫色或白色；荚果长圆柱形，略扁，嫩荚和种子有毒，经处理后可作蔬食或饲料。本土植物。

水黄皮

Pongamia pinnata（蝶形花科）

别　名：野豆、水流豆

　　常绿灌木至乔木；一回奇数羽状复叶，互生，小叶对生；总状花序腋生，花冠白色或粉红色；荚果扁平，厚革质。本土材用树种，可药用，种子油可作燃料，也可作观赏。

红车轴草

Trifolium pratense（蝶形花科）

别　名：红三叶

　　多年生草本；茎有纵棱，直立或平卧斜升；掌状三出复叶，小叶卵状椭圆形至倒卵形，上面常有"V"字形白斑，顶端钝或微凹；总状花序紧缩成球状，出自焰苞状的托叶内，蝶形花冠紫红色至淡红色；荚果卵形。引种栽培，可作饲草、地被绿化及药用。

白车轴草

Trifolium repens（蝶形花科）

别　名：白三叶、三叶草

　　多年生草本；有匍匐蔓生茎；掌状三出复叶，小叶倒卵形至近圆形，顶端凹头至钝圆；总状花序紧缩成球形，蝶形花冠白色、乳黄色或淡红色；荚果长圆柱形。引种栽培，可作饲草、地被绿化。

枫香

Liquidambar formosana （金缕梅科）

别　名：路路通、山枫香

落叶乔木；树片方块状剥落，细枝有柔毛；叶阔卵形，薄革质，搓之有芳香气味，掌状三裂，边缘有锯齿，齿尖上有腺状突；雄性花序短穗状，雌性花序头状；果序球形，可入药。本土植物，常作红叶树种栽培观赏。

红花檵木

Loropetalum chinensis var. *rubrum* （金缕梅科）

别　名：红檵木

常绿灌木至小乔木，被星状短毛；叶革质，卵形，基部歪斜，新叶暗紫红色；花3~8朵簇生，紫红色，4基数；蒴果卵圆形。本土植物，檵木（*L. chinensis*）的栽培变种，供观赏。

红花荷

Rhodoleia championii （金缕梅科）

别　名：红苞木

常绿乔木；叶厚革质，卵形，三出脉，背面绿灰色；头状花序常弯垂，花红色；头状果序由5个蒴果组成。本土植物，可栽培观赏。

板栗
Castanea mollissima（壳斗科）

别　名：栗子、毛栗

　　常绿乔木；叶椭圆至长椭圆形，叶背初时被星芒状伏贴绒毛，侧脉延至边缘锐齿上；花单性同株，雄花聚生成簇，雌花聚生于一壳斗内，壳斗外壁在授粉后长出短刺，并随果实成长而增长；坚果在壳斗成熟裂开后露出。种子供食用。本土植物。

面包树
Artocarpus communis（桑科）

别　名：面包果树

　　常绿乔木，具乳汁；叶互生，革质，全缘或羽状分裂，有成对的托叶，脱落后在枝上有环状托叶痕；雌雄同株，雄花序棒状，雌花序头状；聚花果近球形，热带地区的主要食品之一。引种栽培，可作观赏。

波罗蜜
Artocarpus heterophyllus（桑科）

别　名：树波罗、木波罗

　　常绿乔木，具乳汁；枝有环状托叶痕；叶革质，椭圆形或倒卵形；花雌雄同株，生老茎或短枝上；聚花果通常椭球形至球形，成熟时黄褐色，肉质的花被味甜可食用，核果富含淀粉，煮熟可食。引种植物，观赏及作果树。

高山榕

Ficus altissima （桑科）

别　名：大青树、大叶榕

常绿高大乔木，具乳汁；叶厚革质，阔卵形至阔卵状椭圆形；隐头花序成对腋生；聚花果熟时黄色。本土植物，多作行道树栽培。

无花果

Ficus carica （桑科）

别　名：阿驵、红心果

落叶灌木，具乳汁；叶阔卵圆形，厚纸质，粗糙，掌状3~5裂，具不规则钝齿；花雌雄异株；聚花果梨形，熟时紫红色或黄色，味甜可食用，也可药用。中国古代已引种栽培。

垂叶榕

Ficus benjamina （桑科）

别　名：垂榕、白榕、垂枝榕

常绿大乔木，小枝略下垂，具乳汁；叶薄革质，卵形至卵状椭圆形，顶端短渐尖；隐头花序成对或单生叶腋，成熟时红色至黄色，直径不超过1.5厘米。本土植物，常作绿化树种栽培；另有变种黄果垂榕[*F. benjamina* var. *nuda*]（小图），小枝明显下垂，榕果较垂叶榕大，也作绿化观赏。

粗叶榕

Ficus hirta（桑科）

别　名：掌叶榕、五指毛桃

灌木至小乔木，被开展的长硬毛，具乳汁；叶互生，边缘具细锯齿，全缘或3~5深裂；雌花果球形，雄花及瘿花果卵球形。本土植物，其根可作汤料，药食两用。

心叶榕

Ficus rumphii（桑科）

别　名：假菩提树

常绿乔木，地生或附生，有乳汁；枝上有环状托叶痕；叶近革质，心形至卵状心形，与菩提树相似，但本种叶顶端渐尖；隐头花序成对腋生或簇生；聚花果成熟时紫黑色。本土植物，可栽培作行道树或庭园树种。

黄葛树

Ficus virens var. *sublanceolata*（桑科）

别　名：大叶榕

落叶乔木，具板根或支柱根，具乳汁；叶薄革质或厚纸质，近披针形，顶端渐尖；隐头花序单生，或成对腋生，或簇生；浆果熟时紫红色。本土植物，可栽培作行道树或庭园树种。

桑

Morus alba（桑科）

别　名：桑树、家桑、蚕桑

　　灌木至小乔木；叶卵形或阔卵形，边缘锯齿粗钝；花单性，4基数，雌雄花序均为穗状，雄花序通常下垂；叶为家蚕主要饲料；聚花果俗称桑椹，可药用和食用。本土植物。

花叶冷水花

Pilea cadierei（荨麻科）

别　名：百斑海棠、花叶荨麻

　　多年生草本；茎叶多汁；叶倒卵形至倒卵状椭圆形，叶缘有不整齐的浅锯齿或啮蚀状齿，叶上面有2条间断的白色斑纹；花雌雄异株，花序团伞状。引种栽培，可作观赏。

荷兰冬青

Ilex aquifolium 'J.C.van Tol'（冬青科）

别　名：富贵红、英国冬青

　　常绿灌木；叶革质，倒卵状椭圆形，全缘，顶端具刺状小凸尖；花单性异株，白色，排成腋生的聚伞花序；核果鲜红色。枸骨叶冬青[*I. aquifolium*]的园艺品种，引种栽培，可作观赏。

檀香

Santalum album （檀香科）

别　名：白檀、檀香木、真檀

　　常绿小乔木；叶膜质，背面被白色粉霜，卵状椭圆形，顶端锐尖，边缘波状；三歧聚伞式圆锥花序腋生或顶生，花被管钟状，4裂；核果熟时深紫色，形似带盖的杯状。引种栽培，树干中黄褐色的心材，是贵重的药材和名贵的香料，也可作观赏。

滇刺枣

Ziziphus mauritiana （鼠李科）

别　名：毛叶枣、酸枣

　　常绿乔木或灌木；幼枝和叶背密被黄灰色绒毛，有2个托叶刺；叶卵形、矩圆形，边缘具细锯齿；腋生二歧聚伞花序，近无总花梗；核果椭球形或球形，橙色或红色，完全熟透时变黑色，供食用。本土植物，材用树种；树皮可入药。

艳芸香

Coleonema pulchellum （芸香科）

别　名：美丽石南芸木

　　常绿灌木；茎分枝多，丛生状；叶针状条形，轮状互生，有芳香气味；花近枝顶腋生，5基数，花白色或染淡红色，或淡紫红色等，花瓣具深色中脉纹。引种栽培，可作观赏。

四季米仔兰

Aglaia duperreana（楝科）

别　名：四季米兰

　　常绿灌木至小乔木，多分枝；一回奇数羽状复叶，叶轴上有狭翅，小叶3～5片，倒卵形至长椭圆形；总状或圆锥花序腋生，花黄色，球形，芳香；浆果。引种栽培，观赏或作绿篱。

红星茵芋

Skimmia japonica 'Rubella'（芸香科）

别　名：鲁贝拉茵芋、紫玉珊瑚、青玉珊瑚、红玉珠

　　常绿灌木，可长成小乔木；叶互生，厚革质，具腺点，有香气；雄株花苞紫红色，称紫玉珊瑚，雌株花苞白色，称青玉珊瑚；核果球形，红色。引种栽培，可作观赏。

非洲楝

Khaya senegalensis（楝科）

别　名：非洲桃花心木、塞楝

　　常绿乔木，干旱时会半落叶；一回偶数羽状复叶，小叶3～8对，长椭圆形或倒卵状椭圆形，顶端钝尖；圆锥花序近顶生，花4～5基数；蒴果近球形。引种栽培，常作行道树。

五加

Eleutherococcus gracilistylus（五加科）

别　名：细柱五加

　　披散或蔓生灌木，通常疏生反曲扁刺；掌状复叶通常5片，稀3片，于短枝上簇生，叶柄上有刺，小叶边缘上有细齿；伞形花序单个或稀为2个腋生，花黄绿色，5基数；浆果熟时黑色。本土植物，可作围篱及药用。

食用槟榔青

Spondias dulcis（漆树科）

别　名：甜槟榔青、加椰芒

　　落叶小乔木；奇数羽状复叶互生，小叶2~5对，卵状椭圆形或长椭圆形，边缘疏生小尖齿；圆锥花序顶生；肉质核果。嫩尖叶、未成熟的幼果及树皮可食用或作调料。引种栽培。

洋常春藤

Hedera helix（五加科）

别　名：西洋长春藤

　　常绿藤本，具气生根，可攀附生长；叶互生，革质，营养枝上的叶片三角状卵形，3~5浅裂，花枝上叶卵形至菱形；伞形花序，通常数个复排成圆锥状；浆果球形，黑色。引种栽培，供绿化观赏。

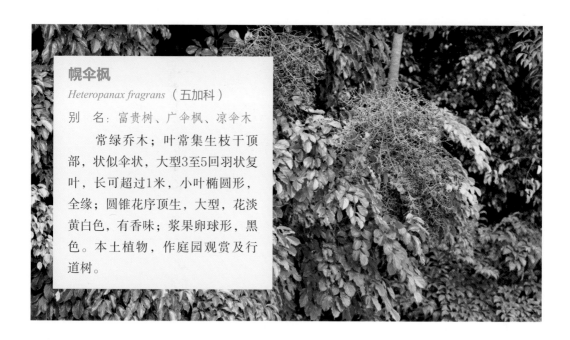

幌伞枫

Heteropanax fragrans（五加科）

别　名：富贵树、广伞枫、凉伞木

　　常绿乔木；叶常集生枝干顶部，状似伞状，大型3至5回羽状复叶，长可超过1米，小叶椭圆形，全缘；圆锥花序顶生，大型，花淡黄白色，有香味；浆果卵球形，黑色。本土植物，作庭园观赏及行道树。

五爪木

Osmoxylon lineare（五加科）

　　常绿灌木；托叶与叶柄基部连成鞘状，叶掌状全裂，裂片条形，通常5片，边缘浅波状或有浅齿；伞形花序再组成圆锥状复伞形花序，花瓣淡绿色或黄绿色；浆果熟时黑色。引种栽培，可作观赏。另有叶带黄斑的品种称为"黄金五爪木"。

辐叶鹅掌藤

Schefflera actinophylla（五加科）

别　名：澳洲鸭脚木、吕宋鹅掌柴、
　　　　昆士兰伞木

　　常绿乔木；掌状复叶宽大，小叶9～16片，叶上面具光泽；圆锥花序顶生；浆果熟时紫红色。速生树种，引种栽培，可作观赏。

芫荽

Coriandrum sativum（伞形科）

别　名：香菜、胡荽

　　有强烈气味的1至2年生草本；叶片1或2回羽状全裂，上部的茎生叶3回至多回羽状分裂，末回裂片狭线形；伞形花序顶生或与叶对生，花白色或带淡紫色。中国汉代已引入栽培作香料及药用。

刺芫荽

Eryngium foetidum（伞形科）

别　名：刺芹、假芫荽

　　二年生或多年生草本；基生叶披针形或倒披针形，边缘有骨质锐锯齿，茎生叶着生叉状分枝基部；头状花序生于茎的分叉处及上部枝条的短枝上，花白色、淡黄色或草绿色。作香料、药食两用，常被栽培。

南美天胡荽

Hydrocotyle verticillata（伞形科）

别　名：铜钱草、水金钱、香菇草

　　多年生草本，茎蔓生，节上生根；叶具长柄，盾状着生，叶片圆盾形，边缘有波状圆齿；伞形花序，花后期序轴伸长呈复伞状，花被白色。作观赏水草引种，也作盆栽观赏，在湿地有较强的侵入性。

锦绣杜鹃

Rhododendron × pulchrum（杜鹃花科）

别　名：毛杜鹃、鲜艳杜鹃

半常绿灌木，几乎全株被糙毛；叶椭圆形或椭圆披针形，全缘；伞形花序顶生，花数朵，花冠玫红色、淡红色，并有深色斑点，或纯白色；蒴果卵球形。为杂交培育的观赏植物，变种和品种繁多。

浆果欧石楠

Erica baccans（杜鹃花科）

常绿灌木，生长缓慢；叶小，4片轮生，粗短线形，肥厚；聚伞花序复伞房状，花冠长筒状，白色，冠檐5裂；浆果微肉质。引种栽培，可作观赏。

蛋黄果

Lucuma nervosa（山榄科）

别　名：狮头果、桃榄

常绿小乔木；叶坚纸质，长椭圆形至披针形，全缘，最长可达20厘米；花通常着生于叶腋，花冠近钟形，花冠裂片4或6片，绿色；果倒卵形，熟时黄色，中果皮肉质，蛋黄色，可食，味如鸡蛋黄，故名。引种栽培。

浆果醉鱼草

Buddleja madagascariensis（马钱科）

别　名：马达加斯加醉鱼草

　　披散状灌木；枝、叶背、叶柄和花序密被灰白色星状绒毛；叶对生或近对生，卵状椭圆形至卵状披针形，叶上面有光泽，边缘微波状；聚伞花序排成圆锥状，花冠管状，顶端4裂，橙黄色或橙红色；浆果熟时蓝紫色。引种栽培，可作观赏。

醉鱼草

Buddleja lindleyana（马钱科）

别　名：闭鱼花、毒鱼草

　　披散状常绿灌木；枝、叶背、叶柄和花序密被星状短绒毛和腺毛；叶对生，在萌芽枝上为互生或近轮生，卵形至披针形，顶端渐尖，全缘或波状；聚伞花序穗状，花冠管状，弯曲，冠檐4裂，紫色；蒴果。本土有毒植物，可使活鱼麻醉，药用或栽培观赏。

常绿钩吻藤

Gelsemium sempervirens（马钱科）

别　名：金钩吻、法国香水

　　常绿木质藤本；叶对生，披针形，表面有光泽，全缘；花单生或排成聚伞花序，花冠漏斗状，5裂，黄色；蒴果。有毒植物，可致人过敏。引种栽培，可作观赏。

毛茉莉

Jasminum multiflorum （木犀科）

别　名：毛萼素馨、多花素馨

　　灌木或藤本；小枝密被黄褐色绒毛；叶对生或近对生，叶柄近基部有关节；卵形或心形，被短柔毛；花排成头状花序或密集呈圆锥状聚伞花序，花冠高脚碟状，白色，芳香。引种栽培，可作观赏。

迎春花

Jasminum nudiflorum （木犀科）

别　名：迎春、黄素馨、金腰带

　　落叶灌木；枝下垂；叶对生，三出复叶，有时小枝基部单叶；花腋生，苞片小叶状，花冠黄色，5～6裂；浆果椭圆形。本土植物，为栽培型的观赏植物，现在世界各地均有栽培。

茉莉花

Jasminum sambac （木犀科）

别　名：茉莉、莫利花

　　常绿灌木，有时藤状；叶对生，圆形、椭圆形、卵状椭圆形或倒卵形，全缘，叶柄具关节；聚伞花序顶生，通常有花3朵，花冠白色，芳香；浆果熟时紫黑色。古代传入中国，可作香料及药用，栽培观赏。

桂花

Osmanthus fragrans （木犀科）

别　名：木犀

　　常绿灌木至小乔木；叶硬革质，全缘或具齿，网脉明显；花冠钟状，4裂，白色或黄白色，极为芳香，也有栽培品种为橙红色、橙黄色等，依照花色不同，有金桂、银桂、丹桂等不同名称；核果，椭球形或歪斜椭球形。花为著名的传统香料之一。本土植物。

大紫蝉

Allamanda blanchetii （夹竹桃科）

别　名：紫蝉花

　　常绿蔓性灌木；4叶轮生，长椭圆形或倒卵状披针形；花冠漏斗状，5裂，紫红色、浅紫红色、玫红色等；蓇葖果。引种栽培，可作观赏。

软枝黄蝉

Allamanda cathartica （夹竹桃科）

别　名：黄莺花

　　常绿蔓性灌木；3～5叶轮生或2叶对生，倒卵形或椭圆形；花冠漏斗状，黄色；蒴果近球形，密生刺。有毒植物。引种栽培，可作观赏。另有大花、重瓣的变种，小叶、银叶等品种。

糖胶树
Alstonia scholaris（夹竹桃科）

别　名：面条树

　　常绿乔木，具丰富的白色乳汁；叶3~8片轮生，倒卵状椭圆形至匙形，或长椭圆形，顶端圆钝，侧脉多且近平行；聚伞花序顶生，花冠高脚碟状，白色；蓇葖果双生，细长柱形，其乳汁可作口香糖原料。引种栽培，可作观赏，常作行道树。

长春花
Catharanthus roseus（夹竹桃科）

别　名：日日新、四时花

　　常绿亚灌木；叶膜质，长椭圆形或倒卵状椭圆形，顶端圆钝并有短尖头；聚伞花序腋生或顶生，花冠高脚碟状，常见紫红色，栽培园艺品种较多，有粉红色、玫红色、白色等；蓇葖果双生。引种观赏，也可药用。

桉叶藤
Cryptostegia grandiflora（夹竹桃科）

别　名：橡胶紫茉莉

　　常绿木质藤本，有白色乳汁；叶对生，革质，卵状椭圆形或长椭圆形；花数朵排成顶生的聚伞花序，花冠漏斗状，冠檐5裂；蓇葖果2个，对生。引种栽培，可作观赏。

珍珠狗牙花

Tabernaemontana divaricata 'Dwarf'
（夹竹桃科）

别　名：珍珠马蹄花、珍珠马茶花、
　　　　小叶狗牙花

　　常绿灌木，有乳汁；叶对生，披针形至条状披针形或条状倒披针形，顶端短尾尖；聚伞花序腋生，假二歧状，花冠白色，旋转状排列，雄蕊藏于花冠筒中部；蓇葖果。狗牙花（*T. divaricata*）的园艺品种。引种栽培，可作观赏。

欧洲夹竹桃

Nerium oleander （夹竹桃科）

别　名：夹竹桃

　　常绿大灌木至小乔木，基部多分枝，有白色汁液；叶3片轮生，稀对生，革质，线状披针形，边缘背卷；聚伞花序伞房状，花冠漏斗状，有紫红色、粉红色、橙红色、黄色、白色等，单瓣或重瓣；蓇葖果圆柱形，1对。引种栽培，有毒植物，可作药用、观赏。

飘香藤

Mandevilla sanderi （夹竹桃科）

别　名：红蝉花、双腺藤、双喜藤

　　常绿木质藤本，有白色乳汁；叶对生或轮生，全缘，卵状椭圆形；花腋生，花冠漏斗状，冠檐5裂，有红色、桃红色、橙红色、粉红色等。引种栽培，可作观赏。

红皱皮藤

Mandevilla × amabilis（夹竹桃科）

别　名：愉悦飘香藤

　　常绿木质藤本，有白色乳汁；叶长椭圆形，对生，全缘，沿脉皱褶；花腋生，花冠漏斗状，冠檐5裂，单瓣或复瓣，有桃红色、紫红色、红色、粉红色等。园艺杂交种，有多个品种。引种栽培，可作观赏。

红鸡蛋花

Plumeria rubra（夹竹桃科）

别　名：大季花、蛋黄花

　　半肉质落叶乔木，有乳汁；叶椭圆状倒披针形，顶端急尖；聚伞花序顶生，花冠深红色，芳香；蓇葖果双生。引种栽培，可作观赏。另有淡红色、橙黄色、白色或复色的品种。

金香藤

Pentalinon luteum（夹竹桃科）

别　名：蛇尾蔓

　　常绿木质藤本，具白色乳汁；叶对生，椭圆形，顶端钝圆或微突，全缘，革质且有光泽；聚伞花序腋生，花冠漏斗状，明黄色。引种栽培，可作观赏。

钝叶鸡蛋花

Plumeria obtusa（夹竹桃科）

别　名：钝叶缅栀

　　半肉质落叶乔木，有乳汁；叶轮状互生，倒卵状长椭圆形，顶端圆钝、微凹，侧脉在叶缘连接成边脉；聚伞花序顶生，花冠乳白色，冠管喉部黄色，芳香；蓇葖果双生。引种栽培，可作观赏。

黄花夹竹桃

Thevetia peruviana（夹竹桃科）

别　名：酒杯花

　　常绿乔木，具乳汁；叶轮状互生，线形或线状披针形；花排成聚伞花序，花冠轮状，黄色；核果三角状球形。引种栽培，可作观赏。另有橙黄色花园艺品种红酒杯花[*T. peruviana* 'Aurantiaca']（小图）及白黄色花的品种。

络石

Trachelospermum jasminoides（夹竹桃科）

别　名：风车茉莉、意大利络石、白花藤

　　常绿木质藤本，具白色乳汁；叶对生，卵形或倒卵形、椭圆形至长椭圆形；聚伞花序，顶生及腋生，圆锥状，花冠白色，裂片轮状排列如风车形；蓇葖果线状披针形。本土植物，栽培作观赏。

蔓长春花

Vinca major（夹竹桃科）

别　名：长春蔓、卵叶常春藤

　　蔓性半灌木；叶卵形至卵状椭圆形，或椭圆形，对生；花单朵腋生，花冠蓝色，5裂，冠筒漏斗状；蓇葖果。引种栽培，可作观赏。

黄叶倒吊笔

Wrightia antidysenterica（夹竹桃科）

别　名：锡兰水梅、日日花、白绢梅、
　　　　雪花、银河系、冬樱花

　　常绿灌木，具乳汁；叶对生，革质，椭圆形，叶腋内具腺体；聚伞花序顶生，花冠白色，副花冠流苏状；蓇葖果2个双生。引种栽培，可作观赏。

无冠倒吊笔

Wrightia religiosa（夹竹桃科）

别　名：水梅、泰国倒吊笔

　　常绿灌木或小乔木，枝披散；叶对生，长椭圆形至披针形，叶缘略波状；聚伞花序顶生于枝顶，花冠白色，5基数，无副花冠，雄蕊聚合；蓇葖果2个双生。引种栽培，可作观赏。

马利筋

Asclepias curassavica（萝藦科）

别　名：莲生桂子花、水羊角

多年生亚灌木，有白色乳汁；叶膜质，叶对生或有时轮生，披针形至椭圆状披针形；聚伞花序顶生或腋生，花冠橙红色，副花冠生于合蕊冠上，黄色；蓇葖果条角状。引种栽培，有毒植物，可药用、观赏。

天蓝尖瓣藤

Oxypetalum coeruleum（萝藦科）

别　名：蓝星花

多年生草本至亚灌木，全株密被白色茸毛；叶对生，披针形，叶基心形至耳形，花顶生或腋生，5基数，淡蓝色。引种栽培，可作观赏，常作鲜切花使用。

夜来香

Telosma procumbens（萝藦科）

别　名：夜香藤

柔弱缠绕藤本；叶膜质，心状椭圆形至阔心形，基脉3~5条；聚伞花序腋生，伞状，花多达30余朵，花冠黄绿色，高脚碟状，副花冠5片；蓇葖果长锥形。花芳香，夜间更盛，花作蔬食及药用。本土植物，常有栽种。

寒丁子

Bouvardia × *domestica*（茜草科）

别　名：蟹眼、波互尔第

常绿亚灌木；叶对生，卵状椭圆形或椭圆形，边缘有不明显的微齿；聚伞花序顶生，排成伞房状，高脚碟状花冠，裂片4片，有粉红色、红色、白色、紫色等，单瓣或重瓣。园艺杂交种，引种观赏，或作鲜切花。

小粒咖啡

Coffea arabica（茜草科）

别　名：阿拉比卡咖啡

大灌木至小乔木，基部通常多分枝；叶薄革质，卵状披针形或披针形，全缘或呈浅波形；聚伞花序数个簇生于叶腋内，花冠白色，芳香；浆果成熟时阔椭球形，红色，中果皮肉质，味甜；种子经加工后称为"咖啡豆"，可制成世界著名的饮料咖啡，本种是黑咖啡的主要品种，引种栽培，及作培育新品种的亲本。

栀子

Gardenia jasminoides（茜草科）

别　名：水横枝

常绿灌木；叶革质，通常对生或稀为3片轮生，托叶三角形，生于叶柄内；花白色，芳香，通常单朵生于枝顶；浆果有翅状纵棱5~9条，可入药。本土植物，常作栽培观赏；另有栽培的重瓣变种，名为白蝉[*G. jasminoides* var. *fortuniana*]（小图）。

长隔木

Hamelia patens （茜草科）

别　名：希茉莉

　　常绿灌木；叶通常3~4片轮生；花无梗，排成有3~5个放射状分枝的聚伞花序，花冠橙红色，狭长筒状；浆果卵球形。引种栽培，可作观赏。

龙船花

Ixora chinensis （茜草科）

别　名：山丹

　　常绿灌木；叶对生或有时轮生状，长椭圆形至椭圆状披针形，或椭圆状倒披针形；聚伞花序顶生，花冠红色或橙黄色，也有培育的品种为黄色、乳白色、冠檐4裂，裂片圆形或倒卵形；果近球形，双生，熟时红黑色。本土植物，作绿化观赏。

黄龙船花

Ixora coccinea f. *lutea* （茜草科）

　　常绿灌木；叶对生，长椭圆形；聚伞花序顶生，聚成头状，花冠高脚碟状黄色，花瓣裂片倒披针形，4基数。原种红花龙船花[*I. coccinea*]花红色，两者常用作花坛绿化。

小叶红色龙船花

Ixora × williamsii（茜草科）

别　名：矮仙丹花、细叶仙丹花、小叶仙丹花

常绿灌木，分枝多密集成丛；叶对生，倒披针形，全缘；聚伞花序密集呈头状，花冠高脚碟状，橙红色；浆果熟时红色。园艺杂交种，引种栽培，可作观赏。

宫粉龙船花

Ixora × westii（茜草科）

别　名：宫粉仙丹

常绿灌木；叶对生，椭圆形至长椭圆形或倒卵状椭圆形，全缘；聚伞花序密集呈头状，花冠高脚碟状，粉紫红色；浆果。园艺杂交种，引种栽培，可作观赏。

红叶金花

Mussaenda erythrophylla（茜草科）

别　名：红纸扇

常绿灌木，多分枝；叶卵状椭圆形，脉上着生红绒毛；聚伞花序顶生，叶状萼片鲜红色，花冠外部鲜红色，花瓣裂片内侧白色，冠筒喉部红色。引种栽培，可作观赏。

粉纸扇

Mussaenda hybrida 'Alicia'（茜草科）

别　名：粉萼金花、粉玉叶金花

　　常绿灌木，被短柔毛；叶椭圆形或卵状椭圆形，顶端渐尖；聚伞花序顶生，花萼全部叶状，粉红色，花冠漏斗状，黄色；浆果。园艺品种，引种栽培，可作观赏。

非洲玉叶金花

Mussaenda luteola（茜草科）

别　名：矮玉叶金花、薄黄昆仑花

　　半常绿灌木或藤本；叶椭圆形至椭圆状披针形，脉在叶面微凹下；聚伞花序顶生，叶状苞片白色，有明显脉纹，花冠5裂，乳黄色，裂片中央浮突起汇合呈五角星形；浆果。引种栽培，可作观赏。

五星花

Pentas lanceolata（茜草科）

别　名：繁星花

　　常绿亚灌木状草本；叶膜质或纸质，卵形、椭圆形或椭圆状披针形；花顶生，密集成聚伞花序，冠檐5~6裂，有红色、紫色、蓝白色等多种深浅不同花色的品种；蒴果。引种栽培，可作观赏。

忍冬

Lonicera japonica（忍冬科）

别　名：金银花

木质藤本，幼枝暗红褐色；叶对生，被柔毛；花成对生于腋生的总花梗顶端，花冠唇形，初开白色，后变黄色；浆果圆形，熟时蓝黑色。花蕾是有悠久历史的著名中药金银花，现培育有四季开花的品种，专供药用。本土植物，可作观赏。

大花六道木

Abelia × *grandiflora*（忍冬科）

别　名：大花糯米条

常绿灌木；小枝被柔毛，红褐色；叶对生或3～4片轮生，卵形至卵状披针形，边缘具疏浅齿；聚伞花序圆锥状，花冠漏斗形，白色或带淡红色；瘦果。由原产中国的糯米条[*A. chinensis*]和单花六道木[*A. uniflora*]杂交培育的园艺杂交种。引种栽培，可作观赏。

银叶郎德木

Rondeletia leucophylla（茜草科）

别　名：巴拿马玫瑰、白背郎德木

常绿灌木；叶对生，披针形，叶背被银白色毛；聚伞花序顶生，花冠高脚蝶状，4裂，粉红色；蒴果球形。引种栽培，可作观赏。

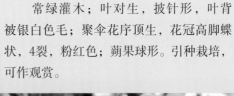

星芒松虫草

Scabiosa stellata（忍冬科）

别　名：星花轮峰菊、星花针垫草

　　草本；叶对生，茎生叶基部连合，叶片羽状半裂或全裂。花序头状，花冠二唇形，小总苞（外萼）膜质碟形，花萼（内萼）具柄，5裂成星状，宿存；瘦果。引种栽培，可作观赏，或作鲜切花使用。

接骨草

Sambucus chinensis（忍冬科）

别　名：陆英、小接骨丹

　　常绿草本至亚灌木；茎有纵棱；一回羽状复叶，托叶叶状或有时退化成蓝色腺体，小叶2~3对，卵状椭圆形至椭圆状披针形，边缘有尖齿；复伞形花序顶生，杯形不孕性花黄色，可孕花花冠白色；浆果球形，红色。本土植物，常栽培药用。

地中海荚蒾

Viburnum tinus（忍冬科）

别　名：蒂氏荚蒾

　　常绿灌木；叶片椭圆形至长椭圆形，边全缘，有时波状，羽状脉，叶背脉腋有簇毛；聚伞花序排成伞房状，花冠白色或带淡红色；核果熟时蓝黑色。引种栽培，可作观赏。

木茼蒿

Argyranthemum frutescens （菊科）

别　名：木春菊、法兰西菊、茼蒿菊

　　常绿亚灌木；叶二回羽状深裂至全裂；头状花序复排成伞房状，粉红色、粉紫色、红色、黄色等或复色。引种栽培，可作观赏。

雏菊

Bellis perennis （菊科）

别　名：马兰头花、英国雏菊

　　一或多年生年草本；叶基生，匙形，上半部边缘有疏钝齿或波状齿；头状花序单生，舌状花一层，白色或带粉红色，园艺品种舌状花多层，花色多种及杂色。引种栽培，可作观赏。

翠菊

Callistephus chinensis （菊科）

别　名：五月菊

　　一年或二年生草本；茎有纵棱；叶互生，多见卵形、菱状卵形或匙形或近圆形，有粗齿或浅裂，栽培种也有全缘；野生种舌状花仅为1～2轮，栽培园艺品种多，舌状花多层，且花色丰富，有不同深浅的红色、紫色、蓝色、黄色、白色等。本土植物，现世界各地均有栽培。

菠萝菊

Carthamus tinctorius 'Round leaf strain'

（菊科）

别　名：红蓝花、红花

　　红花[*C. tinctorius*]的栽培品种，一至二年生草本；叶披针形、卵状披针形或长椭圆形，全缘（原种叶缘刺状）；头状花序单个或排成伞房状，总苞4层，绿色，管状花黄色至橙红色，或白色。引种栽培，多作鲜切花。

硫磺菊

Cosmos sulphureus（菊科）

别　名：黄秋英、硫华菊

　　一至多年生草本；叶二回羽状，羽片再深裂，裂片披针形至椭圆形；花金黄色或橙黄色，舌状花单层或双层，无性，管状花两性；瘦果有粗毛。引种栽培，可作观赏。

秋英

Cosmos bipinnatus（菊科）

别　名：波斯菊

　　一或多年生草本；叶二回羽状深裂；头状花序单生，舌状花紫红色、粉红色、白色；瘦果黑紫色。引种栽培，可作观赏。

大丽菊

Dahlia pinnata（菊科）

别　名：大丽花

多年生草本，有大型的棒状块根；叶
1～3回羽状全裂，裂片卵形或长圆状卵形；
头状花序大、6～12厘米，栽培种或全部为舌
状花；瘦果扁平。品种极多，引种栽培，可
作观赏。

野菊

Dendranthema indicum（菊科）

别　名：山菊花

多年生草本；茎直立
或铺散；叶羽状半裂、浅裂
或分裂不明显而边缘有浅锯
齿；头状花序直径1.5～2.5厘
米，花黄色，可入药。本土
植物。

甘菊

Dendranthema lavandulifolium（菊科）

别　名：岩香菊

多年生草本；茎直立；二回羽状分裂，一回全裂或几全裂，二回为半裂或浅裂，最上部的
叶或接花序下部的叶羽裂、3裂或不裂。头状花序直径1～2厘米，花黄色，可入药。本土植物，
可观赏。

乒乓菊

Dendranthema morifolium cv.'pompon'

（菊科）

别　名：桌球菊

　　多年生草本；叶一回羽状，裂片有锯齿。头状花序圆球形，舌状花黄色、绿色、白色、红色、紫红色等。菊花[*D. morifolium*]（被认为是一种多来源的、通过人工长期定向选择的杂种混合体，品种极多、性状差异大）的园艺品种，栽种或作切花观赏。

蓝刺头

Echinops davuricus（菊科）

别　名：蓝星球、驴欺口

　　多年生草本；茎及叶背被灰白色绵毛；茎中下部叶二回羽状，上部叶一回深裂至浅裂，边缘有针刺或刺齿；头状花序单生枝顶或在枝顶部腋生，球形，花冠淡蓝色至白色；瘦果倒圆锥状。本土植物，可入药。培育观赏，多作鲜切花。

浅齿黄金菊

Euryops chrysanthemoides（菊科）

　　一年生或多年生草本；叶羽状浅裂至深裂，略呈大头羽状；头状花序单生花茎上，花金黄色；瘦果线状圆柱形。引种栽培，可作观赏。

黄金菊

Euryops pectinatus（菊科）

别　名：南非菊、梳黄菊

　　多年生亚灌木；叶羽状深裂，被白色细毛；头状花序单生花茎上，花金黄色，舌状花大；瘦果线状圆柱形。引种栽培，花可药用，可作观赏。

勋章菊

Gazania rigens（菊科）

别　名：勋章花、非洲太阳花

　　多年生草本；叶基生，披针形至条状披针形，或倒卵状披针形，背面密被白毛，边全缘或羽裂；头状花序单生于花茎上，花色多种，有白色、黄色、橙红色等或复色；引种栽培，可作观赏。

非洲菊

Gerbera jamesonii（菊科）

别　名：扶郎花

　　多年生草本，花茎、叶柄和叶被毛；叶基生，莲座状，叶长圆形至长椭圆形；边缘不规则羽状浅裂或深裂；花茎单生或有时多支，头状花序单生，外层舌状花单层或有品种多层，花有红色、橙色、黄色、白色等。引种栽培，可作观赏。

白凤菜

Gynura formosana（菊科）

别　名：白红菜

　　多年生常绿草本，下部平卧，上部直立；叶片椭圆形或匙形，稀为提琴状浅裂，近肉质，边缘有波状小尖齿；头状花序数个排成伞房状，花冠黄色。台湾特产，叶作蔬菜及药用。

向日葵

Helianthus annuus（菊科）

别　名：向阳花、朝阳花

　　一年生草本，被白色粗硬毛；叶互生，通常为心状卵圆形或卵圆形，基出3脉，边缘有粗锯齿；头状花序大，舌状花多数，黄色，不育，管状花极多数，棕色或紫色；种子供食用及榨取食用油。引种栽培，可作观赏，有许多品种。

万寿菊

Tagetes erecta（菊科）

别　名：孔雀菊

　　一年生草本；叶通常对生，羽状分裂，裂片边缘具锐锯齿；头状花序单生，花橙红色、橙黄色、黄色或复色；瘦果线形。引种栽培，可作观赏。图为万寿菊的园艺品种美誉万寿菊[*T. erecta* 'Meiyu']。

蒲公英

Taraxacum mongolicum （菊科）

别　名：黄花地丁、婆婆丁

多年生草本；叶倒卵状披针形、倒披针形或椭圆状披针形，边缘具波状齿或羽状深裂；花葶1至数个，头状花序单生，舌状花黄色。本土植物，常栽培观赏，全草入药。

肿柄菊

Tithonia diversifolia （菊科）

别　名：假向日葵、墨西哥向日葵

多年生高大草本，被短柔毛；叶卵形或卵状三角形，3~5深裂，有细齿；头状花序黄色，舌状花一层。引种栽培，也有逸为野生。

扁桃斑鸠菊

Vernonia amygdalina （菊科）

别　名：南非叶、将军叶

常绿灌木；叶互生，卵状椭圆形或长椭圆形，边缘具齿，有特殊气味和辣味；花白色，头状花序顶生或腋生，或排成伞房状。引种栽培。

百日菊

Zinnia elegans（菊科）

别　名：百日草

　　一年生草本；叶卵圆形至长椭圆形，被糙毛；头状花序单生，舌状花深红色、玫红色、紫色、白色等，管状花黄色或橙色。引种栽培，可作观赏。

洋桔梗

Eustoma grandiflorum（龙胆科）

别　名：草原龙胆

　　多年生草本；叶对生，阔椭圆形至披针形，基部略抱茎，叶暗绿色或暗蓝绿色，被白色粉霜；聚伞花序顶生，花白色、粉红色、蓝色、紫色、绿白色等，有单色或复色，单瓣或重瓣，品种较多。引种栽培，可作观赏，或作鲜切花。

金银莲花

Nymphoides indica（睡菜科）

别　名：印度莕菜、一叶莲

　　多年生浮水草本；茎形似叶柄，顶生单叶，飘浮生长，阔卵圆形或近圆形，基部心形；花簇生，5基数，花冠白色，基部黄色，密生流苏状长柔毛；蒴果椭球形。本土植物，栽培用作水体美化或盆栽观赏。

斑叶遍地金
Lysimachia congestiflora 'Outback Sunset'
（报春花科）

常绿草本；茎下部匍匐，被柔毛；叶对生，卵形、阔卵形至近圆形，或倒卵形，叶上有黄绿色斑块；总状花序缩短呈近头状，花集生，花冠黄色，内侧基部紫红色，5片或偶有6片；蒴果球形。引种栽培，可作观赏。

报春花
Primula malacoides（报春花科）
别　名：樱花草

二年生草本；叶基生，被柔毛，卵形、椭圆形或长椭圆形，具6～8对圆齿状浅裂，边缘有不整齐小锯齿；伞形花序在花葶上1～6轮，原生种花冠粉红色、淡蓝紫色或近白色。本土植物，有多个园艺品种，有红色、黄色、橙色、蓝色、紫色、白色等多种花色。

宽叶海石竹
Armeria pseudarmeria（蓝雪科）

多年生草本；叶基生，线状长剑形；头状花序顶生于花葶上，花粉红色至玫红色、紫红色等。引种栽培，可作观赏。

紫花丹

Plumbago indica （蓝雪科）

别　名：紫雪花、紫花藤、红花丹

　　常绿多年生草本；叶硬纸质，狭卵形、卵状椭圆形或长椭圆形；穗状花序在花期可不断生长，花多可达近百朵，萼筒密生腺毛，花冠红色或紫红色。本土植物，可栽培观赏。

蓝花丹

Plumbago auriculata （蓝雪科）

别　名：蓝茉莉、蓝雪花

　　常绿亚灌木，蔓生状；叶菱状卵形、卵状椭圆形或倒卵状椭圆形；穗状花序，花萼上部着生有柄的腺毛，花冠高脚碟状，蓝紫色；蒴果。引种栽培，根可药用，可作观赏。

意大利风铃草

Campanula isophylla （桔梗科）

别　名：欧洲风铃草

　　多年生宿根草本；叶互生，圆形至心状卵形，边缘具粗锯齿，花茎上叶披针形，有小齿或全缘；花冠钟状，裂片5，蓝紫色或白色，或蓝白复色。引种栽培，可作观赏。

风铃草

Campanula medium （桔梗科）

别　名：瓦筒花、风铃花

二年生草本；叶粗糙，基生叶卵形或倒卵形，边缘具波状且具圆齿，茎生叶小且狭长至披针形；聚伞花序排成圆锥花序状，花冠钟状，白色、蓝色、紫色、桃红色等，有多个品种。引种栽培，可作观赏，或作鲜切花使用。

波旦风铃草

Campanula portenschlagiana （桔梗科）

别　名：波旦吊钟花

一年生常绿草本或多年生亚灌木；叶互生，密集，心形或肾形，边缘具三角形锯齿；花单朵顶生或排成聚伞花序，花冠漏斗状，花深蓝至粉蓝色，或白色等。引种栽培，可作观赏。

紫斑风铃草

Campanula punctata （桔梗科）

别　名：日本风铃草、吊钟花

多年生草本，被刚毛；茎常有棱；基生叶心状卵形，茎生叶三角状卵形至披针形，边缘具齿；花顶生于主茎及分枝顶端，下垂，风铃状，冠筒内通常有斑点；蒴果倒锥状半球形。本土野生花卉，培育出多个花色及重瓣的品种，或杂交种，图为杂交的园艺品种。

马醉草

Hippobroma longiflora（桔梗科）

别　名：同瓣草、长星花、伯利恒之星、
　　　　马毒草

　　多年生草本；叶长披针形，边缘具
疏齿；花冠具长管，冠檐5裂，白色；
蒴果下垂。有毒植物，引种栽培，可作
观赏。

长星花

Lithotoma axillaris（桔梗科）

别　名：腋花同瓣草、流星花、彩星花

　　多年生草本；叶披针形，边缘不规则
羽裂；花蓝色、紫色、白色，5裂，有长
筒状冠管；蒴果。有毒植物，引种栽培，
可作观赏。

桔梗

Platycodon grandiflorus（桔梗科）

别　名：铃铛花、僧帽花

　　多年生草本，具白色乳汁，根萝卜
状；叶轮生、对生或互生，卵状椭圆形至
披针形，具有细尖齿；花单朵顶生或数朵
集成假总状花序，5基数，花冠阔钟状。有
多个品种，花蓝色、紫色、紫红色，并带
深色的脉纹，或纯白色等。本土植物，可
作观赏及药用。

半边莲

Lobelia chinensis（半边莲科）

别　名：急解索、瓜仁草

　　多年生草本；茎细弱，基部匍匐，节上生根；叶互生，近无柄，椭圆状披针形至条形，长约2.5厘米以下，近顶部有细齿；花通常单朵着生于茎上部叶腋，花冠粉紫红色或白色，背面常纵裂至基部，花瓣裂片排在一侧，裂片二型；蒴果。本土植物，可入药。

南非半边莲

Lobelia erinus（半边莲科）

别　名：六倍利、琉璃半边莲

　　多年生草本；叶对生，下部叶披针形，具疏齿，上部叶条形，全缘；总状花序或圆锥花序，花冠二唇，品种多，有多种花色。引种栽培，可作观赏。

小天蓝绣球

Phlox drummondii（花荵科）

别　名：福禄考、雁来红

　　一年生草本；茎被腺毛；叶在茎下部对生、上部互生，宽卵形、椭圆形和披针形，被柔毛；聚伞花序顶生，圆锥状，花冠高脚碟状，有淡红色、深红色、紫色、白色、淡黄色等。引种栽培，可作观赏。

天蓝绣球

Phlox paniculata （花荵科）

别　名：锥花福禄考、宿根福禄考

多年生草本；茎无毛或上部散生柔毛；叶交互对生或有时轮生，椭圆形或卵状披针形，疏生短柔毛；多花密集成顶生伞房状圆锥花序，花色多样；蒴果卵形。引种观赏。

基及树

Carmona microphylla （紫草科）

别　名：福建茶

常绿灌木；枝有长短之分，长枝上叶互生，短枝上叶簇生，倒卵形或匙形，叶缘顶部具锯齿；聚伞花序；核果近球形。本土植物，常作盆景或围篱栽培。

玻璃苣

Borago officinalis （紫草科）

别　名：琉璃苣、琉璃花

一年生草本，密生粗毛；叶卵形至卵状椭圆形，基生叶柄两侧具翅；聚伞花序顶生，花冠淡紫蓝色至深蓝色，5基数，倒垂。引种栽培，可食用、入药及观赏。

红花破布木

Cordia sebestena （紫草科）

别　名：仙枝花、芦荟木、科迪亚

　　常绿灌木至小乔木，各部被短毛；叶互生，椭圆形、卵状椭圆形或倒卵状椭圆形，边缘具齿；聚伞花序伞房状，花冠橙红色，高脚碟状；核果卵球形，有多水分及多胶质的肉质中果皮。引种栽培，可作观赏。

南美天芥菜

Heliotropium arborescens （紫草科）

别　名：香水草

　　多年生亚灌木，密生短毛；叶卵形或披针形，叶脉在叶上面凹陷；镰状的聚伞花序再集生成伞房状花序，花冠雪青色或紫色，稀白色，芳香，5裂；核果球形。引种栽培，可作观赏。

鸳鸯茉莉

Brunfelsia acuminata （茄科）

别　名：二色茉莉、番茉莉、双色茉莉

　　常绿灌木；单叶互生，椭圆形或倒卵状椭圆形，全缘；花单生或排成聚伞花序，初开淡紫色，后变为淡雪青色，最后至白色；浆果。引种栽培，可作观赏。

大花鸳鸯茉莉

Brunfelsia calycina（茄科）

别　名：大花番茉莉、巴西鸳鸯茉莉

　　常绿灌木；单叶互生，长椭圆形至披针形，顶端渐尖，边缘微波状；花大芳香，高脚碟状，初开时蓝色，后转为白色。引种栽培，可作观赏。

大花木曼陀罗

Brugmansia suaveolens（茄科）

别　名：巴西曼陀罗

　　常绿灌木；叶长椭圆形至披针形，顶端渐尖，全缘至波状或有不规则缺刻状齿；花单生，下垂，花冠长漏斗状，花白色，有浅绿色脉纹，有香味；蒴果，筒状锥形。有毒植物，引种栽培，可作观赏及药用。

变色木曼陀罗

Brugmansia versicolor（茄科）

　　灌木至小乔木；叶卵状披针形至长椭圆形；花单生，俯垂，长喇叭状，花白蕾期至开放时，花瓣颜色自绿白色—白色—微红色转变。有毒植物，引种栽培，可作观赏。

辣椒

Capsicum annuum（茄科）

别　名：灯笼椒、牛角椒、小米椒、菜椒

　　一年生或有限多年生植物，分枝稍"之"字形；叶互生，卵形、卵状矩圆形或卵状披针形；花单生，俯垂，5基数，花冠白色；浆果熟后成红色、橙色或紫红色，栽培品种多，形状多样，味辣至不辣。数百年前已引入我国，广泛栽培作调料、蔬菜及观赏。

舞春花

Calibrachoa hybrida（茄科）

别　名：小花矮牵牛、百万小铃

　　多年生宿根草本；茎细弱，呈匍匐状；叶互生，长椭圆形或倒披针形，有短柔毛，全缘；花5基数，花冠漏斗状，花色丰富，有白色、黄色、红色、橙色、紫色等。是小花矮牵牛属[*Calibrachoa*]与矮牵牛属[*Petunia*]植物的属间杂交园艺品种，引种栽培，可作观赏。

智利夜来香

Cestrum parqui（茄科）

别　名：大夜香树、柳叶茉莉

　　常绿灌木；叶长椭圆形至条状披针形，边缘有不明显的波状浅齿；聚伞花序近顶生及顶生，排成圆锥状，花冠长筒状，黄色，5裂；浆果。引种栽培，可作观赏。

曼陀罗

Datura stramonium（茄科）

别　名：洋金花、万桃花、枫茄花

　　草本或亚灌木状；茎粗壮；叶阔卵形，基部不对称，边缘有不规则浅裂或波状齿；花单生于枝杈间或叶腋，直立，花冠漏斗状，上部白色或淡紫色，檐部5浅裂；蒴果表面有坚硬的针刺。有毒植物，引种栽培，可观赏及药用。

蓝花茄

Lycianthes rantonnetii（茄科）

别　名：蓝花十萼茄

　　小灌木；单叶互生，长椭圆形或倒卵状椭圆形，全缘；聚伞花序腋生，花冠紫色，雄蕊黄色；浆果。引种栽培，可作观赏。

枸杞

Lycium chinense（茄科）

别　名：枸杞菜、红珠仔刺

　　灌木；分枝多，腋生棘刺或腋生枝顶端刺状，有长短枝之分；叶互生或簇生，卵形至卵状披针形，全缘；花单生或簇生，花冠漏斗状，紫色，开放后通常反弓；浆果红色。本土植物，叶作蔬菜，果称为杞子，食用或药用，但广州栽培的通常不结实。

假酸浆

Nicandra physalodes（茄科）

别　名：鞭打绣球

　　一年生草本；茎有棱；叶缘具圆缺的大齿或浅裂；花腋生，萼球状，花冠钟状，5浅裂；浆果外包宿萼，状若灯笼。引种作观赏，可药用，也有逸生。

碧冬茄

Petunia hybrida（茄科）

别　名：矮牵牛

　　一年生草本，全体有腺毛；叶卵形，全缘，侧脉不显著；花单生叶腋，花冠漏斗状，有紫色、红色、黄色、白色等或复色，或有各式条纹；蒴果。园艺杂交种，有多个品种，引种栽培。

酸浆

Physalis alkekengi（茄科）

别　名：东北姑娘果、戈力、洋菇娘

　　多年生草本，被有柔毛；叶阔卵形、菱状卵形或卵状椭圆形，基部不对称，边缘波状或有不等的锯齿；花冠辐状，花药黄色；花萼宿存成灯笼状果萼，浆果红色或黄色。现培育作水果，图为日本的久野大果洋姑娘[*P. alkekengi* var. *sp.*]和中国的野生酸浆种源育得的杂交种。

蛾蝶花

Schizanthus pinnatus（茄科）

别　名：蝴蝶草、平民兰、荠菜花

　　一至二年生草本植物，疏生微黏的腺毛；叶互生，一至二回羽状全裂；花多数，排成顶生的圆锥花序，花色多样，通常杂以其他颜色的斑块。引种栽培，可作观赏。

长筒金杯藤

Solandra longiflora（茄科）

别　名：长花金杯藤

　　常绿藤状或披散状灌木；叶对生，倒卵状椭圆形或长椭圆形，全缘；花冠杯形漏斗状，白色至淡黄色，冠筒内部具深浅相间的10条褐色条纹。引种栽培，可作观赏。

珊瑚樱

Solanum pseudocapsicum（茄科）

别　名：吉庆果、冬珊瑚

　　常绿小灌木；叶互生，椭圆形至披针形，边全缘或波状；花腋外生或与叶对生，单朵或偶有排成蝎尾状花序，花冠白色，5基数；浆果橙红色或鲜红色。引种栽培，可作观赏。

蓝星花

Evolvulus nuttallianus （旋花科）

别　名：星形花、雨伞花

　　半落叶草本至亚灌木；枝叶被白色柔毛；叶互生，椭圆形或倒卵状椭圆形，全缘；花腋生，花冠漏斗状，蓝色，喉部白色。引种栽培，可作观赏。

变色牵牛

Pharbitis indica （旋花科）

别　名：牵牛花

　　一年生缠绕草本，被柔毛或微硬毛；叶卵形或圆形，全缘或3裂；聚伞花序伞形状，花冠漏斗状，花冠蓝紫色，以后变紫红色或红色；蒴果近球形。引种栽培或归化，可作观赏。

圆叶牵牛

Pharbitis purpurea （旋花科）

别　名：紫花牵牛

　　一年生缠绕草本；叶圆心形或宽卵状心形，通常全缘；花腋生，单生或成聚伞花序排成伞形，花冠漏斗状，紫红色、红色、白色；蒴果近球形。引种栽培或归化，可作观赏。

柳叶香彩雀

Angelonia salicariifolia（玄参科）

别　名：天使花

　　多年生亚灌木，可沼生；叶对生，披针形至线状披针形，边缘具细齿；花成对腋生，在枝顶排成总状，花冠唇形，白色、红色、紫色或杂色。引种栽培，可作观赏。

金鱼草

Antirrhinum majus（玄参科）

别　名：洋彩雀、龙头花、狮子花、龙口花

　　多年生亚灌木；茎下部叶对生，上部叶轮状互生，披针形至长披针形；总状花序顶生，花冠二唇形，红色、金黄色、艳粉色、纯白色或复色；蒴果卵形。引种栽培，可作观赏，或作鲜切花使用。

荷包花

Calceolaria herbeohybrida（玄参科）

别　名：蒲包花

　　多年生草本，被细小茸毛；叶对生，卵形，边缘具浅齿；聚伞花序伞房状，花冠二唇状，下唇瓣膨大似蒲包状，中间形成空室，花色丰富，单色或复色。杂交培育的园艺品种，引种，常作一二年生花卉栽培观赏。

毛地黄

Digitalis purpurea（玄参科）

别　名：德国金钟、自由钟、洋地黄、山白菜

　　一或多年生草本，被灰白色短柔毛和腺毛；叶卵圆形或卵状披针形，叶柄具狭翅；总状花序顶生，花冠钟状，花色多样，有紫色、红色和白色等；蒴果卵形。引种栽培，作观赏。

安德森长阶花

Hebe × andersonii（玄参科）

别　名：长阶花、安氏长阶花

　　常绿灌木；叶亮绿色，对生或轮生，长椭圆形或倒卵状椭圆形；总状花序紧密，花冠4裂，近二唇形，有蓝色、蓝紫色、紫红色多个品种。园艺杂交种，引种栽培，作观赏。

龙面花

Nemesia strumosa（玄参科）

别　名：耐美西亚、囊距花、爱蜜西

　　二年生草本；叶对生，叶卵状椭圆形至条状披针形，边缘有疏齿，基出脉序；总状花序顶生，花冠唇形，花白色、黄色、橙色、红色、蓝色等，喉部常有异色斑块。引种栽培，作观赏。

夏堇

Torenia fournieri（玄参科）

别　名：蝴蝶草、蓝猪耳

一年生草本；茎四棱；叶对生，卵形或卵状披针形，边缘有锯齿；花腋生或顶生总状花序，花冠唇形，花蓝紫色、紫色、桃红色、白色等，通常花瓣上的颜色渐变，下唇和喉部有黄斑，也培育出纯色的品种。引种栽培或归化，可作观赏。

袋鼠爪

Anigozanthos flavidus（苦苣苔科）

别　名：高袋鼠爪

多年生常绿草本；叶条形；花葶通常分枝，花冠黄绿色，外部密生白色或红色绒毛，顶端6裂，酷似袋鼠爪子。有多个园艺品种，引种栽培，可作观赏，也作鲜切花使用。

金鱼吊兰

Nematanthus wettsteinii（苦苣苔科）

别　名：金鱼花

多年生常绿草本；茎披散，基部半木质；叶对生，椭圆形或卵状椭圆形，叶背主脉近基部两侧暗红色；花单生叶腋，花冠筒中部膨大，唇部5裂，形似金鱼；蒴果。引种栽培，可作观赏。

喜荫花

Episcia cupreata（苦苣苔科）

别　名：红桐草

　　多年生常绿草本，密生茸毛，具匍匐茎；叶对生、椭圆形，自中脉及侧脉两侧淡灰绿色，近缘处淡紫绿色；花亮红色，长筒状，冠檐5裂。引种栽培，可作观赏。

美丽口红花

Aeschynanthus speciosus（苦苣苔科）

别　名：翠锦口红花

　　多年生常绿草本，附生；枝条下垂，叶对生，卵状披针形或倒披针形，肉质，全缘；伞形花序顶生和近顶生，花冠管状，弯曲，橙黄色，冠檐橙红色并有更深色的脉纹。引种栽培，可作观赏。

金红花

Chrysothemis pulchella（苦苣苔科）

别　名：金红岩桐

　　多年生球根草本；茎四棱；叶对生，长椭圆状披针形，边缘锯齿状；花排成伞形，腋生及顶生，5基数，萼鲜红色，花冠鲜黄色，有红色条纹。引种栽培，可作观赏。

小岩桐

Gloxinia sylvatica（苦苣苔科）

别　名：迷你岩桐

　　多年生肉质草本；具横走的根状茎，茎上多幼株，呈丛生状；叶对生，披针形或卵状披针形；花冠筒状，外部橙红色，内部黄色，裂片反卷呈星形。引种栽培，可作观赏。

海豚花

Streptocarpus saxorum（苦苣苔科）

别　名：岩海角苣苔、海角樱草花

　　多年生草本，各部被细毛；叶对生，近肉质，卵圆形至长椭圆形，边缘具锯齿；花腋生，冠筒细长，冠檐2唇，花蓝色、淡蓝色、白色，下唇喉部有斑纹。引种栽培，可作观赏。

大岩桐

Sinningia speciosa（苦苣苔科）

别　名：落雪泥

　　多年生草本，各部被细绒毛；有扁球形块茎；叶对生，卵形或长椭圆形，边缘具齿，近肉质；花顶生或腋生，花冠钟状，单瓣或重瓣，外侧白色，内侧粉红色、红色、紫蓝色、白色等或复色，有多个品种。引种栽培，可作观赏。

凌霄

Campsis grandiflora（紫葳科）

别　　名：红花倒水莲

　　木质藤本；有气生根；奇数羽状复叶对生，小叶7~9片，有粗锯齿；花疏生，排成圆锥状，常倒垂，花冠内侧鲜红色，外面橙黄色；蒴果。本土植物，常栽培观赏及药用。

蓝花楹

Jacaranda mimosifolia（紫葳科）

别　　名：蓝楹

　　落叶乔木；二回羽状复叶对生，羽片多达16对以上，小羽片菱状椭圆形至椭圆状披针形；圆锥花序，花冠筒状，蓝色；蒴果木质，扁卵球形。引种栽培，可作观赏，常作庭园树种。

蒜香藤

Mansoa alliacea（紫葳科）

别　　名：紫铃藤

　　木质藤木，揉之有蒜味；复叶仅具2片小叶，顶生小叶变为卷须；聚伞花序腋生或顶生，花冠漏斗状，鲜紫色或带紫红色，筒部色淡至白色。引种栽培，可作观赏。

火烧花

Mayodendron igneum（紫葳科）

别　名：缅木

　　常绿乔木；大型二回奇数羽状复叶，小叶卵形至卵状披针形，基部偏斜；短总状花序着生于老茎或侧枝上，花冠筒状，橙黄色至金黄色，冠檐5裂；蒴果长线形。本土植物，花可食用，可作观赏树种。

非洲凌霄

Podranea ricasoliana（紫葳科）

别　名：紫云藤

　　常绿灌木，半蔓性；奇数羽状复叶对生，小叶长椭圆形或卵状椭圆形至卵状披针形；聚伞花序排成圆锥花序状，花冠钟状，冠檐5裂，粉红色至紫红色，喉部有深色条纹。引种栽培，可作观赏。

炮仗花

Pyrostegia venusta（紫葳科）

别　名：鞭炮花

　　木质藤本；叶对生，小叶2~3片，顶生小叶常变成3叉的丝状卷须，卵形至卵状椭圆形，顶端渐尖；圆锥花序密集成簇，花冠筒状，橙红色，盛花时状如鞭炮，故名；蒴果。引种栽培，可作观赏。

海南菜豆树

Radermachera hainanensis（紫葳科）

别　名：绿宝、幸福树

常绿乔木；一至二回奇数羽状复叶，小叶卵形或卵状椭圆形，全缘；花排成总状或圆锥花序，花冠钟状，淡黄色；蒴果线形。本土植物，可作绿化树种。

大叶山菜豆

Radermachera pierrei（紫葳科）

别　名：粉钟铃

半常绿乔木；二至三回奇数羽状复叶，小叶倒卵形至倒卵状椭圆形，或长椭圆形，全缘；花排成圆锥状花序，花冠钟状，白色或带粉红色，冠檐5裂，喉部有黄色斑纹；蒴果线形。引种栽培，可作观赏。

火焰树

Spathodea campanulata（紫葳科）

别　名：火焰木、火烧花、苞萼木

常绿乔木；一回奇数羽状复叶对生，小叶多至17枚，全缘；花顶生，排成伞房状，花冠橙红色，一侧膨大；蒴果。引种栽培，可作观赏。

异叶黄钟木

Tabebuia heterophylla（紫葳科）

别　名：异叶粉铃木

　　落叶乔木；掌状复叶，小叶3～5片，长椭圆形，革质；伞房花序顶生，花冠钟状，淡红色并带暗紫色条纹，喉部淡黄色；蒴果长条形。引种栽培，可作观赏。

硬骨凌霄

Tecoma capensis（紫葳科）

别　名：洋凌霄

　　常绿披散状灌木，可攀援生长；奇数羽状复叶对生，小叶7～9片，卵形至阔椭圆形，边缘具齿；总状花序顶生，花冠橙红色至鲜红色，并有深色的纵纹，弯漏斗状；蒴果。引种栽培，可作观赏。

黄钟花

Tecoma stans（紫葳科）

别　名：黄钟树

　　常绿灌木至小乔木；一回羽状复叶，通常具3～7片小叶，边缘具锯齿；总状花序顶生，花冠钟状，黄色；蒴果长柱形。引种栽培，可作观赏。

宽叶十万错

Asystasia gangetica（爵床科）

别　名：赤道樱草、恒河十万错

　　多年生草本；叶对生，椭圆形，几全缘；聚伞花序顶生，花冠二唇形，5裂，中裂片两侧自喉部向下有2条褶襞，有紫红色斑点；蒴果。本土植物，叶可食，或作跌打药。

小花十万错

Asystasia gangetica subsp. *micrantha*（爵床科）

别　名：小花宽叶马偕花

　　多年生草本；叶对生，卵形或椭圆形，全缘或具微小圆齿，顶端长渐尖；聚伞花序总状，花冠白色，5裂，中裂片有紫斑；蒴果。引种栽培或归化，可作蔬菜和药用植物。

穿心莲

Andrographis paniculata（爵床科）

别　名：苦胆草、金耳钩

　　一年生草本；茎4棱；叶卵状椭圆形至椭圆状披针形；总状花序常再组成大型的圆锥花序，花冠白色，带紫色斑纹，被腺毛和短柔毛；蒴果。引种，作草药栽培。

虾衣花

Calliaspidia guttata （爵床科）

别　名：麒麟吐珠、虾夷花

　　常绿草本，多分枝，被短硬毛；叶卵形至卵状椭圆形；穗状花序紧密，微弯，密被砖红色苞片，花冠白色，喉部有暗红色斑点；蒴果。引种栽培，可作观赏。

十字爵床

Crossandra infundibuliformis （爵床科）

别　名：鸟尾花、须药花

　　常绿亚灌木；叶对生，阔披针形，全缘或波状；聚伞花序穗状，花冠5裂，裂片不等大，排向一侧，橙黄色至橙红色。引种栽培，可作观赏。

紫叶半柱花

Hemigraphis alternata （爵床科）

别　名：灰姑娘、假紫苏

　　常绿草本；叶紫绿色，卵形至卵状椭圆形，边缘具圆钝齿；花顶生，花冠白色并带暗紫色条纹。引种栽培，可作观赏。

鸭嘴花

Justicia adhatoda（爵床科）

别　名：大驳骨、野靛叶

　　常绿大灌木；嫩枝被灰白色微柔毛；叶纸质，椭圆形、矩圆状披针形至披针形；穗状花序近枝顶两侧腋生，花冠二唇，白色，下唇有紫色或淡紫红色条纹；蒴果近木质。原产地不明，可作药用。

黑叶小驳骨

Justicia ventricosa（爵床科）

别　名：大驳骨、黑叶接骨草

　　多年生亚灌木；叶纸质，椭圆形或倒卵形，全缘；花排成紧密的顶生穗状花序，具覆瓦状重叠的苞片，花冠白色或粉红色，下唇浅3裂；蒴果。本土植物，常栽培作药用。

红楼花

Odontonema strictum（爵床科）

别　名：鸡冠爵床

　　常绿灌木；单叶对生，卵状披针形；总状花序顶生，花多而密生，花冠管状，红色，冠檐5裂；蒴果。引种栽培，可作观赏。

金苞花

Pachystachys lutea（爵床科）

别　名：黄虾花、黄苞虾衣草

　　常绿草本；叶椭圆形或披针形；穗状花序顶生，苞片黄色，排成4列，花冠白色。引种栽培，可作观赏。

观音草

Peristrophe bivalvis（爵床科）

别　名：染色九头狮子草、红丝线

　　多年生草本，被柔毛；叶卵形至卵状披针形，全缘；聚伞花序腋生或顶生，花冠淡紫红色，二唇形。本土植物，可入药，煮其汁红色，俗称"红丝线"，栽培种植株毛被为白色柔毛，与原种的褐红色柔毛有异。

三色拟美花

Pseuderanthemum atropurpureum（爵床科）

　　常绿灌木；叶卵状椭圆形或长椭圆形，绿色带黄绿色、淡紫色、淡红色斑；花排成聚伞花序，花冠淡紫色。叶色多变，有数个品种。引种栽培，可作观赏。

紫云杜鹃

Pseuderanthemum laxiflorum （爵床科）

别　名：大花钩粉草、紫云花

常绿灌木；茎钝四棱；叶卵状披针形或披针形，全缘，通常不超过10厘米；聚伞花序腋生，花冠紫红色，冠管筒状，冠檐5裂。引种栽培，可作观赏。

金叶拟美花

Pseuderanthemum oreticulatum var. *ovarifolium*

（爵床科）

常绿灌木；叶对生，边缘具不规则缺刻，新叶金黄色，后转为黄绿色或翠绿色；花白色带紫色斑点。引种栽培，可作观赏。

大花芦莉

Ruellia elegans （爵床科）

别　名：红花芦莉、艳芦莉、绯娟花

常绿小灌木；叶椭圆状披针形；聚伞花序腋生，花冠红色或桃红色，筒状，冠檐5裂；蒴果。引种栽培，可作观赏。

蓝花草

Ruellia simplex（爵床科）

别　名：翠芦莉

　　常绿小灌木；叶对生，线状披针形；聚伞花序腋生，花冠漏斗状，蓝紫色；蒴果。引种栽培，可作观赏，另有粉色花和矮化的品种。

板蓝

Strobilanthes cusia（爵床科）

别　名：马蓝

　　多年生常绿草本至亚灌木状，细嫩部分被鳞片状毛；叶纸质，椭圆形或卵状椭圆形，边缘有粗齿；花序穗状，花冠漏斗状，下部稍弯曲，蓝色或玫红色至白色；蒴果棒状。本土植物，叶含蓝靛可作染料，根药用名为"板蓝根"，常栽培供药用。

硬枝老鸦嘴

Thunbergia erecta（爵床科）

别　名：立鹤花、蓝吊钟、直立山牵牛

　　直立灌木；茎四棱；叶近革质，卵形至卵状披针形，有时菱形，边缘波状或不明显三齿裂；花单生叶腋，有2片白色小苞片，花冠管一般为白色，喉部黄色，冠檐紫色；蒴果。引种栽培，可作观赏。

大花山牵牛

Thunbergia grandiflora（爵床科）

别　名：大花老鸦嘴、山牵牛

　　木质藤本；幼枝稍四棱，主节下有黑色巢状腺体；叶具长柄，卵形、阔卵形至心形，边缘具阔三角形的裂片；花单朵腋生或排成顶生的总状花序，花冠管白色，冠檐蓝紫色。本土植物，常栽培观赏。

假立鹤花

Thunbergia natalensis（爵床科）

　　常绿灌木；幼枝赤褐色；叶对生，全缘或具疏锯齿；花腋生，花冠弯漏斗形，5裂，紫色，中心黄色；蒴果。引种栽培，可作观赏。

金鹂鹊

Eremophila maculata 'Aurea'（苦槛蓝科）

　　常绿灌木；叶互生，线状倒披针形，薄革质；花单朵腋生，花冠二唇状，上唇4齿，冠内被长柔毛，此品种为斑点喜沙木[*E. maculata*]的园艺品种，花冠纯黄色，无斑。引种栽培，作观赏。

赪桐

Clerodendrum japonicum（马鞭草科）

别　名：状元红

　　常绿灌木；小枝四棱形；叶圆心形，对生，背面密具锈黄色盾形腺体；二歧聚伞花序组成大型的圆锥花序，花萼、花冠鲜红色，稀白色；浆果有宿萼。本土植物，或有栽培观赏。

烟火树

Clerodendrum quadriloculare（马鞭草科）

别　名：星烁山茉莉

　　常绿灌木；枝钝四棱；叶对生，长椭圆形，叶背暗紫绿色，边缘有不明显浅齿；聚伞花序圆锥状，顶生，花多而密，长高脚碟状花冠，外部粉紫红色，内侧白色，开放时似烟花爆发的形状；核果椭球形。引种栽培，可作观赏。

圆锥大青

Clerodendrum paniculatum（马鞭草科）

别　名：龙船花

　　常绿灌木；小枝四棱形；叶片阔卵形或阔卵状圆形，基部心形或阔心形，部分叶片边缘3～7角状浅裂，背面密被盾状腺体；聚伞花序排成圆锥状；花冠高脚碟状。本土植物，或有栽培观赏。

红萼龙吐珠

Clerodendrum speciosum（马鞭草科）

别　名：美丽龙吐珠、红萼珍珠宝莲

灌木或藤本；叶对生，卵形至长椭圆形；花排成聚伞花序，萼片灯笼状，红色或紫红色，花冠鲜红色。龙吐珠和美丽赪桐[*C. speciosissimum*]的杂交种，引种栽培，可作观赏。

龙吐珠

Clerodendrum thomsonae（马鞭草科）

别　名：麒麟吐珠

灌木或藤本；叶片纸质，狭卵形或卵状长圆形，基出三脉；聚伞花序腋生或假顶生，二歧分枝，花萼白色，花冠深红色。浆果有宿萼。引种栽培，可作观赏。

蓝蝴蝶

Clerodendrum ugandense（马鞭草科）

别　名：蝴蝶、紫蝶花、乌干达赪桐

常绿灌木；叶对生，倒卵形至倒披针形，叶缘中上部有疏齿；聚伞花序顶生，萼浅绿色，花冠白色至淡蓝色，唇瓣紫蓝色。引种栽培，可作观赏。

垂茉莉

Clerodendrum wallichii（马鞭草科）

别　名：黑叶龙吐珠

　　直立灌木或小乔木，小枝锐四棱形或呈翅状；叶椭圆形或椭圆状披针形；花序下垂，花瓣白色。本土植物，培育为观赏植物。

金叶假连翘

Duranta erecta 'Golden Leaves'（马鞭草科）

别　名：黄金露花、黄叶假连翘

　　常绿灌木；叶对生，稀见轮生，卵状椭圆形至卵状披针形，全缘或中部以上有锯齿，新叶黄色至黄绿色；总状花序顶生或腋生，常再复排成圆锥状，花冠蓝紫色，色或深或浅；核果熟时黄红色。引种栽培，可作观赏。

细叶美女樱

Glandularia tenera（马鞭草科）

别　名：羽叶马鞭草

　　多年生草本；茎四棱；叶对生，二回羽状全裂；花序轴紧缩呈伞房状，花冠高脚碟状，白色、粉红色、玫红色、大红色、紫色、蓝色等；蒴果。引种栽培，可作观赏。

冬红

Holmskioldia sanguinea（马鞭草科）

别　名：帽子花

　　常绿灌木；叶卵形至卵状椭圆形，边缘具齿，两面有腺点；聚伞花序腋生或顶生；花萼砖红色或橙红色，阔锥形，花冠筒状、弯曲，砖红色或橙红色；核果。引种栽培，可作观赏。

蝶心花

Holmskioldia tettensis（马鞭草科）

别　名：阳伞花、中国小屋、帽子花

　　常绿灌木；叶卵形至卵状椭圆形，边缘具粗齿；聚伞花序腋生或顶生；花萼碟状，粉紫色至白色，花冠紫蓝色，向一侧5裂，状若蛾蝶；核果。引种栽培，可作观赏。

马缨丹

Lantana camara（马鞭草科）

别　名：五色梅

　　灌木，具强烈的气味；茎枝四棱形，具钩状皮刺；叶片卵形至卵状椭圆形，边缘有钝齿；高脚碟状花冠，花密集成头状，同一花序常混有不同颜色的花朵；浆果熟时紫黑色。归化或栽培观赏，培育有多个品种，多种花色，可入药。

蔓马缨丹

Lantana montevidensis（马鞭草科）

别　名：紫花马缨丹

　　披散状灌木，枝下垂；叶卵形，边缘有锯齿；头状花序，总花梗长，高脚碟状花冠，紫色。引种栽培，可作观赏。

南美马鞭草

Verbena bonariensis（马鞭草科）

别　名：柳叶马鞭草

　　多年生草本，被短柔毛；茎四棱；叶长椭圆形至长披针形，边缘有不整齐锯齿；聚伞花序紧缩，花集生，花冠高脚碟状，淡紫红色。引种栽培，可作观赏。

山牡荆

Vitex quinata（马鞭草科）

别　名：莺歌

　　常绿乔木；掌状复叶，小叶3~5片，小叶倒卵形或倒卵状椭圆形，背面有黄色腺点；复聚伞花序圆锥状，花冠淡黄色，二唇状；核果熟时黑色。本土植物，可作绿化树种。

藿香

Agastache rugosa （唇形科）

别　名：合香、山薄荷

　　多年生草本；叶卵状心形或椭圆状披针形，顶端尾尖，基部心形，边缘具粗齿；花排成密集的穗状，花冠淡紫色。本土植物，可供药用和提取芳香油。

活血丹

Glechoma longituba （唇形科）

别　名：佛耳草、金钱草

　　多年生草本，具匍匐茎，节上生根；茎四棱；叶心形或近肾形，边缘具圆齿；轮伞花序通常2花，稀具4～6花，冠檐二唇形，下唇中裂片及筒部有紫色斑块。本土植物，可入药。

神香草

Hyssopus officinalis （唇形科）

别　名：柳薄荷

　　亚灌木；茎钝四棱形；叶具腺点、线形、披针形或线状披针形，无柄；轮伞花序具3～7花，常偏向于一侧。含芳香油，多型种，性状变异大，引种栽培，可作观赏，及作香料。

齿叶薰衣草

Lavandula dentata（唇形科）

别　名：锯齿薰衣草

　　常绿灌木；叶对生，灰绿色，线形至披针形，边缘羽状齿裂；轮伞花序穗状，花冠淡紫色至蓝紫色，芳香。引种栽培，可作观赏。

益母草

Leonurus japonicus（唇形科）

别　名：益母蒿

　　一年或二年生草本；茎钝四棱，具槽；茎中下部叶掌裂，裂片呈菱状椭圆形至卵圆形，并再分裂，上部叶裂片线状长圆形；花冠粉红至淡紫红色。本土植物，民间常栽培，药食两用，另有变种白花益母草[*L. japonicus* var. *albiflorus*]（小图）。

狮耳花

Leonotis leonurus（唇形科）

别　名：南非

　　常绿亚灌木，茎有钝棱和槽；茎上叶条状披针形，边缘有钝齿；轮生花序近枝顶腋生，每轮花多达十数朵，花冠有长管，橙黄或橙红色，密被绒毛。引种栽培，可作观赏及药用。

薄荷

Mentha canadensis（唇形科）

别　名：南薄荷、野薄荷

多年生草本，被短柔毛；具根状茎，地上茎有棱；叶卵状椭圆形至卵状披针形，边缘具细齿；轮伞花序腋生，花冠淡紫色或白色；小坚果黄褐色。本土植物，常栽培作药用及香料。

葡萄柚薄荷

Mentha × piperita 'Grapefruit'（唇形科）

人工培育的多年生草本，被短柔毛；叶卵状椭圆形，边缘有锯齿；轮伞花序顶生，密集成穗状，花冠淡紫色。引种栽培，可作香料及观赏。

费森杂种荆芥

Nepeta × faassenii（唇形科）

别　名：紫花荆芥、费氏荆芥

多年生直立草本植物，全株有香气；叶卵形至卵状椭圆形，基部心形，边缘有锯齿；花冠紫色、蓝紫色，下唇具深紫色斑点和斑块；小坚果三棱状卵圆形。园艺杂交种，育有多个品种。引种栽培，可作观赏。

罗勒

Ocimum basilicum（唇形科）

别　名：金不换、千层塔、九层塔

　　草本至亚灌木，幼茎和叶背有腺点；茎四棱；叶卵圆形至卵状椭圆形，近无毛；轮伞花序顶生，花冠白色，或淡紫色。引种有多个品种，多作香料使用。可观赏。

圣罗勒

Ocimum sanctum（唇形科）

别　名：神罗勒、九层塔

　　亚灌木，被平展柔毛；叶椭圆形，边缘具波状锯齿，被柔毛和腺点；轮伞花序再排成圆锥花序状，花冠白色至淡紫红色；小坚果褐色。本土植物，作香料和药用。

紫苏

Perilla frutescens（唇形科）

别　名：野苏、白苏

　　一年生草本；茎绿色或紫色，钝四棱；叶阔卵形或圆形，膜质或草质，两面绿色或紫色，基部以上有粗锯齿；轮伞花序每节2花，偏向一侧，花冠白色至紫红色。本土植物，药用或作香料。

沃尔夫藤

Petraeovitex wolfei（唇形科）

别　名：黄金藤、马来东芭藤

　　常绿藤本；叶为掌状三小叶，小叶卵圆形至椭圆形，边缘具粗齿。轮伞花序下垂，叶状苞叶金黄色，经久不落，花冠金黄色。引种栽培，可作观赏。

莫娜紫香茶菜

Plectranthus ecklonii 'Mona Lavender'（唇形科）

别　名：艾氏香茶菜、紫凤凰

　　多年生草本，被柔毛；茎紫色，四棱；叶卵状椭圆形，具锯齿，背面紫色；花冠外部紫色，内部白色或淡紫色并带紫色斑纹。园艺杂交种，引种栽培，可作观赏。

夏枯草

Prunella vulgaris（唇形科）

别　名：棒槌草、锣锤草、牛牯草

　　多年生草木；有匍匐茎，茎钝四棱；叶卵状椭圆形至披针形，边缘具不明显的齿或全缘；轮伞花序密集呈穗状，每伞节上覆以苞片，花冠紫色、蓝紫色或紫红色。本土植物，可入药。

迷迭香

Rosmarinus officinalis （唇形科）

别　名：海洋之露、艾菊

　　常绿灌木；叶对生或在短枝上呈簇生状，线形，革质，叶背密被白色的星状绒毛；花成对或在短枝上排成总状，花冠淡蓝紫色，下唇3裂，中裂片大，顶端凹缺。引种作香料和观赏。

红色天鹅绒鼠尾草

Salvia confertifolia （唇形科）

别　名：密花鼠尾草

　　常绿草本；茎四棱，密被短绒毛；叶卵状椭圆形至披针形，各级叶脉在上面凹陷，致叶表面呈皱纹状；轮伞花序轴和花萼密被红色短绒毛，花冠朱红色。引种栽培，可作观赏。

凤梨鼠尾草

Salvia elegans （唇形科）

别　名：菠萝鼠尾草

　　多年生草本植物，茎四棱，被白色短柔毛；叶卵状椭圆形至卵状披针形，搓揉有凤梨味，可作调料和药用；花冠红色。引种栽培，可作观赏。

粉萼鼠尾草

Salvia farinacea（唇形科）

别　名：蓝花鼠尾草

　　一或多年生草本；叶对生，长椭圆形至披针形，全缘或有疏齿；轮伞花序顶生，花萼密被细绒毛，粉蓝色，花冠淡蓝色至深紫色，常被误认为是薰衣草。引种栽培，可作观赏。

墨西哥鼠尾草

Salvia leucantha（唇形科）

别　名：紫绒鼠尾草

　　多年生草本，被白色短绒毛；茎四棱；叶对生，卵状披针形至线状披针形，叶上面沿脉凹陷；轮伞花序顶生，花白色、紫色、紫红色。引种栽培，可作观赏。

凹脉鼠尾草

Salvia microphylla（唇形科）

　　多年生草本，揉碎有樱桃味；叶卵状椭圆形，各级叶脉在叶上面凹陷；花冠下唇大，3裂，中裂片大且有凹缺，反弓下垂。有多个园艺品种，花色有不同深浅的红色、紫色等或复色。引种栽培，可作观赏。图为品种亨廷顿[*S. microphylla* 'Huntington']。

地蚕

Stachys geobombycis（唇形科）

别　　名：野麻子、五眼草

　　多年生草本；根茎横走，白色，肥大，形如蚕虫；茎四棱；叶卵状椭圆形，基部浅心形或圆形；萼齿正三角形，花冠淡紫色至紫蓝色，也有淡红色，下唇水平开展，3裂。本土植物，根状茎可药用及食用。

灌丛石蚕

Teucrium fruticans（唇形科）

别　　名：水果蓝、银石蚕

　　常绿灌木；枝和嫩叶两面、老叶叶背密被灰色绢毛；叶对生，椭圆状披针形。轮伞花序假穗状，花冠单唇形，唇瓣浅蓝色，具5裂片。引种栽培，可作观赏。

澳洲迷迭香

Westringia fruticosa（唇形科）

别　　名：灌木迷南香、轮叶迷迭香

　　常绿灌木；叶轮生，条状披针形，叶背密被细绒毛；花腋生，花冠二唇，淡紫色，下唇3裂，裂片相似，近喉部有褐黄色斑点，中裂片顶端微缺。枝叶似迷迭香，但本种不香。引种栽培，可作观赏。

紫鸭跖草

Setcreasea purpurea（鸭跖草科）

别　名：紫竹梅、紫锦草

　　多年生草本，半蔓生；叶紫绿色，长椭圆形至披针形，基部鞘状抱茎；聚伞花序顶生或腋生，花桃红色；蒴果。引种栽培，可作观赏。

油画婚礼紫露草

Tradescantia cerinthoides 'Nanouk'（鸭跖草科）

　　多年生草本；叶柄基部抱茎成鞘状，带绿色、白色条纹，并染以淡紫红；花3基数，萼淡紫色并被白色柔毛，花瓣白色或染上淡紫红色，花丝被柔毛；蒴果。毛花紫露草[*T. cerinthoides*]的园艺品种。引种栽培，可作观赏。

紫万年青

Tradescantia spathacea

（鸭跖草科）

别　名：蚌花

　　多年生草本；叶基生，背面紫色，剑形；花腋生，藏于两片对折的卵状总苞片内，花冠白色；蒴果。另有植株矮小的品种，名为小蚌兰[*T. spathacea* 'Compacta']。引种栽培，可作观赏，花苞可入药。

吊竹梅

Tradescantia zebrina（鸭跖草科）

别　名：紫罗兰

　　多年生蔓性草本；叶卵状椭圆形，互生，叶绿色或紫红色并带白色条纹，叶背紫红色；花紫红色。引种栽培，可作观赏。

水塔花

Billbergia pyramidalis（凤梨科）

别　名：火焰凤梨、红笔凤梨

　　多年生草本；茎极短，叶呈莲座状，阔条状披针形，基部鞘叠成贮水叶筒，边缘有小刺齿；穗状花序，苞片、花萼和花瓣均为红色。引种栽培，可作观赏。

圆锥果子蔓

Guzmania conifera（凤梨科）

别　名：火炬凤梨

　　多年生草本；叶基生呈莲座状，带形，亮绿有光泽，边缘全缘；圆锥花序紧密呈球果状，苞片鲜红色，花黄色。引种栽培，可作观赏。

端红彩叶凤梨

Neoregelia spectabilis（凤梨科）

别　名：端红凤梨

　　附生草本，也可地生；叶集生成莲座状，叶基旋叠成筒状，可贮存水分，叶背带粉霜，叶顶端红色；花密集成近头状，花序轴短，顶生于叶鞘围成的杯口中。引种栽培，可作观赏。

安德莉亚铁兰

Tillandsia 'Andreas'（凤梨科）

　　多年生草本；叶基生呈莲座状，带形，略弯垂；花序多歧，扁平，总苞二列，粉红色。引种栽培，可作观赏。

红苞铁兰

Tillandsia stricta（凤梨科）

　　附生草本；主茎短，叶呈莲座状，线形，密被白色粉鳞，能从空气中吸收水分和养料，不需要种植基质也可正常生长，常被称为"空气凤梨"；花密集成短穗状，顶生，苞片粉紫红色，花冠粉紫色、蓝紫色等。引种栽培，可作观赏。有多个园艺品种，图示为品种棉花糖铁兰 [*T. stricta* 'Cotton Candy']。

大蕉

Musa sapientum（芭蕉科）

别　名：芭蕉

　　乔木状高大草本；假茎粗壮，被白粉，丛生；叶椭圆形，长可达3米，叶翼闭合；聚伞花序紧缩呈球穗状，下垂，花藏于佛焰苞内，单性或杂性；浆果长圆柱形，微弯，果棱明显。热带亚热带地区常见的栽培种，品系及品种繁多。

贡蕉

Musa 'Gong'（芭蕉科）

别　名：泰国皇帝蕉、米蕉

　　乔木状高大草本；假茎绿色并带黄褐色斑块，被白粉，丛生；叶长椭圆形，边缘常带紫红色；花序下垂，浆果形直，果棱不明显，熟后果皮很薄。东南亚著名水果，引种栽培，可作观赏。

地涌金莲

Musella lasiocarpa（芭蕉科）

别　名：地涌莲、地母金莲

　　乔木状草本，但假茎矮小，具根状茎；叶片长椭圆形，被白粉；花序直接生于假茎顶端，密集如球穗状，苞片黄色或淡黄色，每片内有花2列，每列4~5花；浆果三棱状卵形。本土植物，假茎作饲料，花可入药，可作观赏。

火鸟蕉

Heliconia bihai （旅人蕉科）

别　名：火红赫蕉、龙虾蕉、穗花蕉

　　多年生常绿草本；叶丛生，有长柄，长椭圆形至椭圆状披针形；聚伞花序直立，船形苞片二列，红色、淡红色、紫红色等，边缘黄色和绿色；蒴果。引种栽培，有多个园艺品种，可作观赏。

红鸟蕉

Heliconia psittacorum （旅人蕉科）

别　名：百合蝎尾蕉

　　多年生草本；叶椭圆状披针形，二列，叶鞘互相抱持成假茎；花排成蝎尾状聚伞花序，苞片黄色、橙色、红色、紫色或白染紫色等，花被黄色至黄白色，5基数；蒴果。引种观赏或作鲜切花，有多个品种，图为品种彩虹红鸟蕉[*H. psittacorum* 'Andromeda']。

金火炬蝎尾蕉

Heliconia psittacorum×H. spathocircinata 'Golden torch' （旅人蕉科）

别　名：金火炬、金鸟鹤蕉

　　多年生草本；丛生状；叶带状披针形，薄革质；穗状花序顶生，花序轴微曲成"之"字形，苞片二列，船形，金黄色，边缘绿色。园艺杂交种，引种栽培，可作观赏。

红豆蔻

Alpinia galanga （姜科）

别　名：大高良姜

　　高大草本；根状茎块状；叶长椭圆形，可达40厘米；花多数，排成圆锥花序状，绿白色，唇瓣倒卵状匙形，有红色条纹；蒴果长圆柱形。本土植物，果和根状茎供药用。

玫瑰闭鞘姜

Costus comosus var. *bakeri* （姜科）

别　名：日本闭鞘姜

　　多年生草本，具根状茎；假茎丛生；叶长椭圆形，螺旋状排列；穗状花序顶生，紧密成椭球形，苞片覆瓦状开放式排列，鲜红色，花冠黄色。引种栽培，可作观赏。

红闭鞘姜

Costus woodsonii
（姜科）

别　名：红宝塔姜

　　多年生草本；具横生的块茎；叶椭圆状披针形，螺旋状排列，叶鞘封闭；穗状花序顶生，紧密成卵球形，苞片鳞片状，橙红色，花冠橙黄色或黄色；蒴果。引种栽培，可作观赏。

闭鞘姜

Costus speciosus（姜科）

别　名：水蕉花

　　多年生草本；具横生的块茎；叶椭圆形或披针形，顶端尾尖，螺旋状排列，叶背密被绢毛；穗状花序顶生，椭球形或卵球形，苞片卵形，红色，花冠白色或顶部红色；蒴果近木质。本土植物，可栽培观赏及药用。

姜花

Hedychium coronarium（姜科）

别　名：蝴蝶花

　　多年生常绿草本，具根状茎，假茎高可达2米；叶片椭圆状披针形或披针形，背面被柔毛；花序顶生，球穗状，苞片覆瓦状紧密排列，花白色，芳香。本土植物，常栽培观赏，也作鲜切花用，可入药。

姜荷

Curcuma alismatifolia（姜科）

　　多年生草本，根状茎近球状；叶基生，长椭圆形，革质，中脉紫红色；穗状花序顶生，基部苞片绿色，上部苞片桃红色或粉红色，花蓝白色；蒴果球形。引种栽培，可作观赏。

紫花山柰

Kaempferia elegans（姜科）

别　名：孔雀沙姜、花叶山柰

多年生草本，具匍匐的根状茎；叶基生，阔椭圆形，上面有浅绿色和暗紫绿色斑；花序近头状，冠管纤细，花冠4裂，紫色；蒴果。本土植物，目前仅见有栽培观赏。

山柰

Kaempferia galanga（姜科）

别　名：沙姜

多年生草本，季节性；根状茎块状，单生或数个连串；叶几无柄，贴近地面开展，近圆形至椭圆形；花多朵顶生，半藏于叶鞘中，白色带紫斑，有香味，易凋谢；蒴果。来源不明，我国通常栽培，作调料和药用。

红球姜

Zingiber zerumbet（姜科）

多年生草本；具根状茎，内部淡黄色；叶披针形至椭圆状披针形；穗状花序球果状，苞片紧密，自绿变红色，花被淡黄白色；蒴果。本土植物，嫩茎叶可作蔬菜，根状茎药用及提取香料，可作观赏。

蕉芋
Canna edulis（美人蕉科）

别　名：姜芋

　　多年生草本；根状茎发达，多分枝，块状；叶片椭圆形或卵状椭圆形，上面绿色，边缘或背面常带紫色；总状花序单生或分叉，花冠管杏黄色，外轮退化雄蕊花瓣状，红色。引种栽培，可作观赏，块茎可食用及药用。

粉美人蕉
Canna glauca（美人蕉科）

别　名：水生美人蕉、粉叶美人蕉

　　多年生草本，具地下根状茎；叶阔披针形，被白粉；聚伞花序总状或圆锥状，3基数，花瓣萼状，雄蕊花瓣状，淡红色、黄色、白色，无斑点；蒴果3棱。引种观赏。

雪茄竹芋
Calathea lutea（竹芋科）

别　名：黄花竹芋

　　高大草本，可达3米；叶长可达1米，叶卵状椭圆形，背面有银白色的蜡质；花藏于螺旋排列的苞片内，叠成长棒状，花冠黄色。引种栽培，可作观赏。

绿羽竹芋

Calathea princeps（竹芋科）

别　名：绿道竹芋

常绿草本；叶长椭圆形至披针形，叶上面脉间有不达叶缘的羽状黄绿色斑纹，叶背淡紫绿色；花序球穗状，苞片螺旋状互生，花被淡黄色及染紫色。引种栽培，可作观赏。

竹芋

Maranta arundinacea（竹芋科）

别　名：山百合

常绿草本；根状茎肉质，纺锤形；叶卵形至卵状披针形，具圆形叶舌；聚伞花序总状，花白色；果长圆柱形，坚果状。引种栽培，可作观赏，根状茎可食用和药用。另有叶具白斑的变种斑叶竹芋[*M. arundinacea* var. *variegata*]。

垂花再力花

Thalia geniculata（竹芋科）

别　名：垂花水竹芋

多年生挺水植物；具根茎；叶卵状椭圆形，叶鞘红褐色；花茎细长且于顶端弯垂，花梗"之"字形；苞片具细茸毛，花瓣4片，上部两片淡紫色，下部两片白色；蒴果。引种栽培，可作观赏。

好望角芦荟

Aloe ferox（百合科）

别　名：开普芦荟

　　常绿肉质草本；主干木质化；叶厚肉质，被白粉，边缘有锐刺；花密集并旋转状排在花序轴上，花被6片，淡红色至黄绿色；蒴果。引种栽培，可作观赏及药用。

石刁柏

Asparagus officinalis（百合科）

别　名：芦笋、露笋

　　草本；分枝多且柔弱，上部在生长后期常俯垂；叶状枝每3~6枚成簇，近扁圆柱形，鳞片状叶基部有刺状短距或近无；花1~4朵腋生，黄绿色；浆果熟时红色。本土植物，栽培以根状茎新抽出的粗短嫩苗作蔬食。

斑叶草

Drimiopsis saundersiae（百合科）

别　名：油点百合

　　多年生草本；叶阔条形，有大小不一的深绿色斑点，油渍状，近肉质；总状花序多花，花被片初时白色至绿白色，开放后变淡绿色。引种栽培，可作观赏。另有叶具黄色条斑的品种，名为黄金斑叶草[*D. saundersiae* 'Sunny Smile']。

郁金香

Tulipa gesneriana（百合科）

别　名：荷兰花

多年生草本，具鳞茎，夏季地上部分枯萎并休眠；茎上叶被白粉，3～5片，带状披针形至卵状披针形；花单生茎顶，杯状，单色或复色；蒴果。引种栽培，品种极多，可作观赏。

萱草

Hemerocallis fulva（百合科）

别　名：金针菜、黄花菜

多年生草本；根近肉质；叶基生，二列，带状；花葶从叶丛中央抽出，排成假二歧状的总状式或圆锥式花序，花冠近漏斗状，裂片6片，橙红色至橙黄色，内侧常有深浅不同的斑块和斑纹；蒴果。本土药食两用植物，花蕾可食用，名为"金针菜"，可作观赏。

宫灯百合

Sandersonia aurantiaca（百合科）

别　名：圣诞风铃

多年生球根花卉，半蔓性；叶互生，条状披针形；花坛状，亮橙黄色，弯垂，形状酷似宫灯，故名；蒴果。引种栽培，可作观赏，也作鲜切花使用。

假叶树

Ruscus aculeatus（假叶树科）

别　名：百劳金霍花

　　常绿灌木；叶退化为鳞片状，叶状枝卵形，叶状，顶端针刺状；花单性异株，白色，着生于叶状枝中脉的中下部；浆果红色。引种栽培，可作观赏。

舌苞假叶树

Ruscus hypoglossum（假叶树科）

别　名：叶上花

　　常绿灌木；叶状枝通常椭圆形，叶状，顶端渐尖；花单性异株，淡绿白色，生于叶状枝中脉的中部，苞片舌状；浆果红色。引种栽培，可作观赏。

广东万年青

Aglaonema modestum（天南星科）

别　名：粗肋草、亮丝草、粤万年青

　　多年生常绿草本，节上有不定根；叶阔倒披针形，肉穗花序顶生，佛焰苞淡绿色；浆果球形。本土植物，可作观赏及药用。

海芋

Alocasia macrorrhiza（天南星科）

别　名：热亚海芋、广东狼毒

　　大型常绿草本；叶薄革质，箭状卵形；肉穗花序，雌花序白色，不育雄花序绿白色，能育雄花序淡黄色，附属器淡绿或乳黄色，圆锥状；浆果红色。本土有毒植物，经炮制后可药用和作兽药，也有作室内观叶植物栽培，商品名为"滴水观音"，应当谨慎注意。

花烛

Anthurium andraeanum（天南星科）

别　名：红掌、粉掌

　　常绿草本；叶基生，革质，卵状心形或椭圆状心形；佛焰苞心形，平展，橙红色、猩红色、粉红色或白色，肉穗花序黄色。引种栽培，有多个品种，可作观赏。

龟背竹

Monstera deliciosa（天南星科）

别　名：蓬莱蕉

　　攀援或附生草本；茎上有苍白色的半月形叶迹，具气生根；叶心状卵形，边缘羽状分裂，侧脉间有穿洞；肉穗花序近圆柱形；浆果淡黄色。引种栽培，可作观赏。果序可食，但具麻味。

羽裂喜林芋

Philodendron selloum

（天南星科）

别　名：春羽

多年生直立或匍匐草本；茎上有叶痕；叶羽状深裂，裂片边缘浅波状；肉穗花序，佛焰苞外面绿色，内面黄白色，花单性，无花被；浆果。引种栽培，可作观赏。

白鹤芋

Spathiphyllum floribundum （天南星科）

别　名：银苞芋、一帆风顺

多年生常绿草本；近无茎；叶基生，椭圆形至披针形，顶端长渐尖；肉穗花序圆柱状，乳黄色，佛焰苞大而显著，直立，白色或带绿色。引种栽培，可作观赏。

马蹄莲

Zantedeschia aethiopica （天南星科）

别　名：海芋百合

多年生季节性草本；具块茎，可沼生；叶基生，心状箭形或箭形；佛焰苞管部短，檐部亮白色，肉穗花序圆柱形，黄色；浆果短卵球形，淡黄色。有毒植物，引种栽培，可作观赏或作切花使用。

银星马蹄莲

Zantedeschia albomaculata（天南星科）

别　名：白马蹄莲

多年生季节性草本；具块茎，可沼生；叶长戟形，稀心状箭形，常具白色斑；佛焰苞斜漏斗状，肉穗花序棒状；浆果扁球形。引种栽培，有多个园艺品种，佛焰苞有多种色彩，可作观赏。

香蒲

Typha orientalis（香蒲科）

别　名：东方香蒲

多年生水生或沼生草本；根状茎乳白色；叶条形，叶鞘抱茎，细胞间隙大，海绵状；雌雄花序同一序轴，紧密连接，状若蜡烛，雌序生于下部，雄序较细，着在上部至顶部。本土植物，可观赏、材用、食用及药用。

宽叶韭

Allium hookeri（石蒜科）

别　名：大叶韭

多年生季节性草本；鳞茎圆球形；叶线形或阔线形，中脉明显；花葶侧生，长于叶，伞形花序球状或半球状，具多花，花被白色。本土植物，常栽培作蔬菜，民间称为"观音菜"。

六出花

Alstroemeria hybrida

（石蒜科）

别　名：百合水仙、荷兰小百合、秘鲁小百合

　　多年生球根草本；有块茎；叶长披针形，在茎上轮状互生；聚伞花序有数花，花被2轮，内轮花被上有斑点。园艺种，引种栽培，可作观赏或作切花使用。

垂笑君子兰

Clivia nobilis（石蒜科）

别　名：君子兰、剑叶石蒜

　　多年生草本；茎呈鳞茎状；叶全部基生，厚纸质，带状；伞形状花序顶生，花被片外张和反折，呈筒状或狭漏斗状，开放时稍向下弯垂，橙红色；浆果红色。引种栽培，可作观赏。

穆氏文殊兰

Crinum moorei（石蒜科）

别　名：香殊兰

　　多年生粗壮草本；叶基生，剑状披针形，长可达1米，全缘；花茎顶生，粗大且中空，聚伞花序排成伞形状，花被白色，芳香；蒴果近球形。引种栽培，可作观赏。

龙须石蒜

Eucrosia bicolor（石蒜科）

别　名：秘鲁百合

　　多年生球根草本；有鳞茎，冬季休眠；叶阔披针形，基部渐狭成叶柄状，叶背中肋明显；伞形花序有多花，花瓣橙红色，花丝和花柱翘曲。引种栽培，可作观赏。

夏雪片莲

Leucojum aestivum（石蒜科）

别　名：雪花莲

　　多年生草本；有鳞茎；叶基生，线形至阔线状；花茎与叶同出，花葶中空，伞形状花序具1~2片总苞，花白色，花瓣顶端有绿色斑点，弯垂；蒴果近球形。引种栽培，可作观赏。

纸白水仙

Narcissus papyraceus（石蒜科）

别　名：白花水、小水仙

　　多年生草本；具鳞茎；叶基生，线形，与花茎同时抽出；伞形状花序，花茎实心，花直立或下垂，裂片6片，副花冠浅杯状，均为白色。引种栽培，可作观赏。

水仙

Narcissus tazetta var. *chinensis*（石蒜科）

多年生草本；鳞茎卵球形；叶阔线形，扁平；伞形状花序有花4~8朵或更多，花被片白色，裂片6片，或多数，具黄色副花冠，浅杯状或片状，有单瓣和重瓣（小图）之分。本土有毒植物，中国传统观赏花卉之一，可于春节前水培、土培观赏；是可以通过雕刻其鳞茎、叶和花葶控制花期、造型的花卉。

葱莲

Zephyranthes candida（石蒜科）

别　名：葱兰、韭菜莲

多年生草本；鳞茎卵形；叶狭线形，肥厚；花单生于花葶上，花被6片，白色，有时带淡红色；蒴果近球形。引种栽培，可作观赏。

芳香紫娇花

Tulbaghia simmleri（石蒜科）

多年生草本；鳞茎肥厚；叶扁平，条形；伞形花序具花十数朵，粉紫色，花被裂片6片，内侧具白色副花冠，合生成近杯状；蒴果。引种栽培，可作观赏。

韭莲

Zephyranthes carinata（石蒜科）

别　名：风雨花、红花葱兰

　　多年生草本；鳞茎卵球形；叶基生，线形，扁平；花单生于花葶上，有佛焰苞状总苞，花冠玫红色或粉红色；蒴果近球形。引种栽培，可作观赏。

雄黄兰

Crocosmia × crocosmiflora（鸢尾科）

别　名：火星花、火焰兰、杂交香鸢尾

　　多年生草本；球茎扁圆球形；基生叶剑形，基部鞘状，茎生叶较短，披针形；聚伞花序排成穗状或圆锥状，花橙黄色、黄色等或杂色，两侧对称；蒴果三棱状球形。为黄花雄黄兰[*C. aurea*]与鲍氏雄黄兰[*C. pottsii*]杂交的园艺品种，引种栽培，可作观赏。

普通唐菖蒲

Gladiolus communis（鸢尾科）

　　多年生草本；具球茎；叶剑形至条形，排成2列，基部互相套叠；花茎不分枝，有茎生叶数片，花两侧对称，花被裂片6片，有红色、紫色、黄色、白色、粉红色等；蒴果。引种栽培，可作观赏及作切花。

粗点黄扇鸢尾

Trimezia steyermarkii（鸢尾科）

别　名：斯特耶马克鸢尾

多年生草本；叶基生，剑形，二列，排成扇形；花自花茎顶端的鞘内抽出，花被黄色，并有褐色斑点，花后鞘内可育出新苗，花茎随后下垂，新苗着地生根成为新的植株。引种栽培，可作观赏。

蒲葵

Livistona chinensis（棕榈科）

别　名：扇叶葵、葵树

乔木；叶阔肾状扇形，直径可达1米以上，掌状深裂至中部，裂片线状披针形，顶端再裂成2丝状下垂小裂片；花序圆锥状，粗壮，花序轴多回分枝，总花梗上有佛焰苞6~7片；核果黑褐色。本土植物，常作行道树或庭园树栽培。

软叶刺葵

Phoenix roebelenii（棕榈科）

别　名：江边刺葵、老人葵、美丽针葵

灌木至小乔木；茎丛生，栽培型茎通常单生，具宿存的三角状叶柄基部；叶羽状全裂，羽片线形，下部羽片变成细长软刺；花序腋生，佛焰苞鞘状，花3基数。本土植物，作绿化或庭园观赏用。

卡特兰

Cattleya × hybrida （兰科）

别　　名：杂种卡特兰

　　多年生附生草本植物；假鳞茎呈纺锤状、棍棒状或圆柱状；叶长圆形至披针形，革质；花单朵或数朵排列成总状花序，品种多，花色多样，唇瓣通常大且有皱褶。引种栽培，可作观赏。

建兰

Cymbidium ensifolium （兰科）

别　　名：四季兰

　　地生草本；假鳞茎卵球形；叶2~6片基生、带形、暗绿色；花葶从假鳞茎基部发出，排成总状，花色变化较大，通常为浅黄绿色而具紫斑，常有香气或无。国家二级保护野生植物，已培育作科普教育。

大花蕙兰

Cymbidium hybrid （兰科）

别　　名：杂种虎头兰

　　地生草本；假鳞茎粗壮，有节，节上有隐芽；叶丛生，剑形，革质；花序总状，花大且多，园艺品种多，花红色、黄色、翠绿色、白色等或复色；蒴果。引种栽培，可作观赏。

川西兰

Cymbidium sichuanicum（兰科）

别　名：红蝉兰

　　附生草本；假鳞茎粗壮；叶丛生，带形，革质；花序总状，弯垂，花大，多达10多朵，花萼有线状条纹，花瓣有点状条纹，唇瓣三裂，有深紫红色的点线状条纹。国家二级保护野生植物，已培育作科普教育。

虎头象牙白

Cymbidium tracyanum × *C. ebureneum*（兰科）

别　名：象牙虎头兰

　　中国科学院华南植物园培育的西藏虎头兰[*C. tracyanum*]和象牙白[*C. ebureneum*]杂交种；假鳞茎卵球形；叶薄革质，带状，长可达1米；每假鳞茎可抽出1～4支花葶，花葶直立，花大且多，花萼和花瓣均有条纹和斑点。优良的观赏兰花，盆栽或作鲜切花。

墨兰

Cymbidium sinense（兰科）

别　名：报岁兰、献岁兰

　　地生草本；假鳞茎卵球形；叶3～5片基生，带形，暗绿色；花葶从假鳞茎基部发出，排成总状，花被片暗紫色或紫褐色、黄绿色、粉红色或白色等，唇瓣有斑或无斑，芳香。国家二级保护野生植物，传统国兰之一，已培育出多个品种的商品花卉，图为园艺品种白墨报岁兰[*C. sinense* 'Baimo Baosuilan']，花瓣纯色无斑，供观赏。

兜唇石斛
Dendrobium cucullatum（兰科）

　　附生草本；茎细圆柱形，下垂，肉质；叶二列互生，卵状披针形至披针形，基部具鞘；总状花序在茎节上发出，几乎无花序轴，每1~3朵花为一束，花淡紫红色或浅紫红色，唇瓣近白色并有紫红色条纹，边缘具不整齐的细齿。国家二级保护野生植物，已培育作科普教育。

石斛
Dendrobium nobile（兰科）

别　名：金钗石斛

　　附生草本；茎直立，稍扁圆柱形，肥厚；叶革质，先端不等2裂，基部具抱茎鞘；总状花序，花冠白色带淡紫红色，或白色带黄色等。国家二级保护野生植物，已培育出多个品种，多作盆栽或作层间美化观赏。

蝴蝶石斛
Dendrobium phalaenopsis（兰科）

别　名：秋石斛

　　常绿附生草本；假鳞茎粗壮；叶互生，椭圆形至披针形；花序自成熟茎节处发出，总状，花形状与蝴蝶兰相似，有紫色、粉色、红色、白色等以及各种复色。园艺品种多，引种，盆栽或作鲜切花用。

腋唇兰

Maxillaria tenuifolia（兰科）

别　名：条叶颚唇兰、薄叶腭唇兰

　　附生草本；假鳞茎疏生，卵形；每假鳞茎长叶1片，线形；花葶自假鳞茎基部抽出，花鲜红色至暗红色，有或深或浅的黄色斑点和条斑，唇瓣白色，有红褐色斑点。引种栽培，可作观赏。

琴唇万代兰

Vanda concolor（兰科）

别　名：广东万带兰

　　附生草本；叶带状，二列，革质，中部以下常"V"字形互叠，顶端有齿缺；总状花序，萼片和花瓣背面白色，内面（正面）黄褐色带黄色花纹，唇瓣3裂，有紫色斑点，中裂片提琴形，有5~6条脊突。本土植物，可作观赏，花色有变异，唇瓣中裂片有不同的色斑。

轭瓣兰

Zygopetalum maculatum（兰科）

别　名：紫香兰、接瓣兰

　　多年生地生草本；假鳞茎卵球形；叶3~5片，带形；总状花序有花多朵，花萼和花瓣外侧绿色或绿褐色，内侧褐紫色或呈斑纹状，唇瓣扇形，蓝紫色，基部有环状的隆突，状似"轭"，故名。引种栽培，可作观赏。

风车草

Cyperus involucratus （莎草科）

别　名：旱伞草

　　多年生粗壮草本；秆基部具无叶的棕色鞘；叶退化仅余叶鞘；花序的苞片多达20片或以上，集生秆顶端，长宽几相等，向四周射出展开，多次复出长侧枝聚伞花序具二级辐射枝；小坚果近三棱形。引种栽培，可作水生植物观赏。

埃及莎草

Cyperus prolifer （莎草科）

别　名：矮纸莎草、细则莎草

　　多年生挺水草本；具匍匐的根状茎，秆高可达90厘米，三棱形；叶针形；聚伞花序小型，呈伞形，伞梗多，射出状。引种栽培，可作水生植物观赏。

地毯草

Axonopus compressus （禾本科）

别　名：大叶油草

　　多年生草本；秆扁平，有匍匐枝；叶条形，质地柔薄，通常被柔毛；花序2～5支分枝，指状排在主轴上，小穗长圆条状。引种作固土植物，常用于草坪、堤坝等。

兔尾草

Lagurus ovatus （禾本科）

　　一年生草本植物，丛生；叶条形，被细柔毛；花密集成短穗状，小穗具芒；花序形似粗短的动物尾巴，故名。引种栽培，可作观赏。

紫叶狼尾草

Pennisetum setaceum 'Rubrum'

（禾本科）

　　多年生草本；秆丛生，高可超过1米；叶线形，被绒毛，带紫红色；圆锥花序密集呈穗状，常弯向一侧呈狼尾状，紫红色。园艺品种，引种栽培，可作观赏。

索引
Index

179